Eberhard Seiler (Hrsg.)

Grundbegriffe des Meß- und Eichwesens

Eberhard Seiler (Herausgeber)

Grundbegriffe des Meß- und Eichwesens

Deutsche Fassung des Wörterbuchs der Internationalen Organisation für Gesetzliches Meßwesen mit Grundbegriffen in französisch, englisch und spanisch sowie mit Kommentaren zum Meß- und Eichwesen in der Bundesrepublik Deutschland

Friedr. Vieweg & Sohn   Braunschweig / Wiesbaden

Die französisch-englische Fassung des Wörterbuchs

Vocabulaire de Métrologie Légale, Termes fondamentaux
Vocabulary of Legal Metrology, Fundamental terms

kann bezogen werden vom

Bureau International de Métrologie Légale
11, Rue Turgot
F-75009 Paris

Die Ausgabe in spanisch wurde gedruckt vom

Departamento de Ediciones del INTI
(Instituto Nacional de Tecnologia Industrial)
Avenida General Paz
Miguelete, provincia de Buenos Aires

Für die Internationale Organisation für Gesetzliches Meßwesen (OIML) ist die französische Fassung des Wörterbuchs verbindlich.

Softcover reprint of the hardcover 1st edition 1983

Satz: Vieweg, Braunschweig
Druck und buchbinderische Verarbeitung: W. Langelüddecke, Braunschweig

ISBN-13: 978-3-528-08543-8 e-ISBN-13: 978-3-322-85666-1
DOI: 10.1007/978-3-322-85666-1

Vorwort

Die 1955 durch Regierungskonvention gegründete Internationale Organisation für Gesetzliches Meßwesen (Organisation Internationale de Métrologie Légale, OIML), der 48 Staaten angehören (Stand: Januar 1983), hat sich zum Ziel gesetzt, allgemeine Grundsätze für das amtliche Meß- und Eichwesen zu erarbeiten und international anerkannte Anforderungen an Meßgeräte und Meßverfahren festzulegen.

Aus der Notwendigkeit heraus, sich über die damit verbundenen Probleme verständigen zu müssen, wurde eine internationale Arbeitsgruppe beauftragt, die grundlegenden Begriffe zum Meß- und Eichwesen zu definieren und in einem Wörterbuch zusammenzufassen. Die Federführung lag bei Dr. Obalski vom polnischen Staatsamt für das Meßwesen, der selbst zu den Initiatoren dieser Idee gehört und durch seine Arbeit wesentlich zu ihrer Verwirklichung beigetragen hat.

Die nationale Arbeitsgruppe leitete Prof. Dr. Mühe von der Physikalisch-Technischen Bundesanstalt, der technischen Oberbehörde für das Meß- und Eichwesen der Bundesrepublik Deutschland. Er gab auch die erste Übersetzung der in französisch, der offiziellen Sprache der Organisation, abgefaßten Entwürfe in den PTB-Mitteilungen heraus.

Einen vorläufigen Abschluß fanden die Arbeiten am Wörterbuch mit der Genehmigung der Texte durch die dritte Internationale Konferenz für Gesetzliches Meßwesen im Jahr 1968.

Das Büro der Organisation veröffentlichte 1978 eine französisch-englische Fassung, in die auch die beiden 1972 bzw. 1976 genehmigten Ergänzungen aufgenommen wurden. Diese Fassung wurde jetzt ins Deutsche übertragen. Die Übersetzungen der ersten Textentwürfe sind nach einer Überarbeitung mit verwendet worden. Zusätzlich enthält die vorliegende Ausgabe die Grundbegriffe in französisch, englisch und spanisch. Die spanischen Begriffe wurden einer Übersetzung entnommen, die von einer lateinamerikanischen Arbeitsgruppe für das Meßwesen (Sistema Interamericano de Metrologia) genehmigt worden ist.

Soweit wie möglich wurden bei der Übersetzung solche Begriffe verwendet, die auch in den eichrechtlichen Vorschriften und in den Normen für die entsprechenden Begriffsinhalte benutzt werden. Wesentliche Unterschiede zwischen dem Inhalt des Wörterbuchs und Bestimmungen in nationalen Vorschriften oder Normen zum Meßwesen werden in Anmerkungen erläutert, die zur Unterscheidung vom übersetzten Text klein gedruckt sind. Sie bestehen insbesondere für einige Begriffsbestimmungen zur Beurteilung von Meßergebnissen und Meßgeräten in den Abschnitten 8 und 9. Das nationale Eichwesen geht hier z.T. anders vor. Das gilt auch für die Normung. DIN 1319 Teil 3 ist grundlegend überarbeitet und neu gefaßt worden. Die internationale Diskussion über die Beurteilung von Meßergebnissen und Meßgeräten ist noch nicht abgeschlossen. Die vorliegende Fassung folgt möglichst eng dem Originaltext auch dann, wenn die Begriffe in nationalen Vorschriften und Normen abweichend definiert und verwendet werden.

Seit der Abfassung des Wörterbuchs hat sich die Meßtechnik weiterentwickelt. Man wird daher einige Begriffe vermissen die den neuesten Stand der Meßgerätetechnologie wiedergeben. Ergänzungen, wie sie bereits zweimal erfolgt sind, werden diese Lücke schließen. Das Wörterbuch wird wie in der Vergangenheit auch in Zukunft einen wesentlichen Beitrag zur internationalen Verständigung auf dem Gebiet des Meß- und Eichwesens leisten.

Allen, die zur Herausgabe der deutschen Fassung beigetragen und diese Arbeit durch Anregungen und kritische Bemerkungen gefördert haben, sei an dieser Stelle herzlich gedankt.

Eberhard Seiler

Braunschweig, Juni 1983

Inhaltsverzeichnis

Abschnitt 0: Metrologie
Métrologie
Metrology
Metrología

0.1 Metrologie – Métrologie – Metrology – Metrología

Wissensbereich (Bereich der Kenntnisse und Erfahrungen), der sich auf Messungen bezieht.

Der Begriff „Metrologie" wird zunehmend auch im deutschen Sprachgebrauch anstelle von „Meßkunde", der Wissenschaft vom Messen gebraucht. Aus der Verwendung und den Bemerkungen im Vokabularium geht jedoch hervor, daß auch die „Meßtechnik" und das „Meßwesen" zum Begriffsinhalt gehören können.

In der Übersetzung ist daher das Wort „Metrologie" beibehalten worden, soweit nicht der spezielle Begriffsinhalt eine Übersetzung mit „Meßtechnik" oder „Meßwesen" nahelegt.

Bemerkungen:

1. *Die Hauptgebiete der Metrologie sind:*
   Die Maßeinheiten und ihre Normale (ihre Darstellung, Reproduzierung, Aufbewahrung und Weitergabe),
   die Messungen (ihre Methoden, ihre Ausführung, die Abschätzung ihrer Genauigkeit usw.),
   die Meßgeräte (ihre Eigenschaften in bezug auf ihre Verwendungsbestimmung),
   die Messenden (ihre Fähigkeiten in bezug auf die Ausführung von Messungen, z. B. die Ablesung der Anzeige von Meßgeräten).
2. *Die Metrologie umfaßt sowohl die theoretischen als auch die praktischen Meßprobleme, unabhängig von der Meßgenauigkeit.*
3. *Je nach der betrachteten physikalischen Größe unterteilt man die Metrologie in Längenmeßkunde, Zeitmeßkunde, usw. ..., und je nach ihrem Anwendungsgebiet in industrielles, technisches, astronomisches, medizinisches Meßwesen usw. ...*

   Hier und im folgenden Text wird zwischen „Größe" und „Größenart" nicht unterschieden.
4. *Zu den Bereichen gehört auch die Bestimmung von physikalischen Konstanten und von Material- und Substanzeigenschaften.*

0.2 Allgemeine Metrologie – Métrologie générale – General metrology – Metrología general

Bereich des Meßwesens, der sich mit Problemen beschäftigt, die allen meßkundlichen Aufgaben gemeinsam sind, unabhängig von der gemessenen Größe.

Beispiele:

Die allgemeinen theoretischen und praktischen Probleme der physikalischen Einheiten (z. B. die Struktur eines Einheitensystems, der Wechsel von Einheiten in Gleichungen), die

Probleme der Meßfehler, die Probleme der meßtechnischen Eigenschaften der Geräte – soweit sie bei der Messung aller Größen auftreten.

0.3 Angewandte Metrologie – Métrologie appliquée – Applied metrology – Metrología aplicada

Bereich der Meßkunde, der sich mit Messungen für bestimmte Anwendungsgebiete befaßt.

Bemerkung:

Im Gegensatz zur Allgemeinen Metrologie bezieht sich die Angewandte Metrologie auf die Messungen bestimmter Größen oder auf alle Messungen für einen bestimmten Aufgabenbereich nach den oben angeführten Beispielen (s. unter 0.1, Bemerkung 3).

0.3.1 Industrielles Meßwesen – Métrologie technique – Technical metrology – Metrología técnica

Bereich der Metrologie, der sich mit den Meßproblemen in der Technik befaßt.

Bemerkung:

Trotz der verschiedenen zum Industriellen Meßwesen gehörenden Bereichen wird dieser Begriff oft unkorrekt ausgelegt und allein für das Messen von Längen und Winkeln benutzt.

0.3.2 Metrologie der Qualitätssteuerung, Kalibrierwesen – Métrologie de la qualité – Quality metrology – Metrología de la calidad

Metrologie, die sich mit Fragen der Qualitätssteuerung befaßt.

Bemerkung:

Die Metrologie der Qualitätssteuerung betrifft die Kontrolle der Messungen und ihrer Ergebnisse, die in die Qualitätsuntersuchungen von Grundstoffen, Werkstoffen, Geräten und industrieller Anlagen eingreifen, ebenso wie Meßgeräte zum Messen, Kontrollieren und Definieren der Qualitätsanforderungen in der Produktion.

Die wörtliche Übersetzung „Metrologie der Qualitätssteuerung" ist ungebräuchlich. Aus der Bemerkung geht hervor, daß zum Begriffsinhalt auch die Tätigkeit gehört, die von Kalibrierstellen ausgeführt wird. Die Übersetzung mit „Kalibrierwesen" ist in den Fällen zu einschränkend, wo neben dem Messen und Prüfen auch das Definieren von Qualitätsanforderungen zum Begriffsinhalt gehören soll.

04. Theoretische Metrologie, Theorie des Messens – Métrologie théorique – Theoretical metrology – Metrología teórica

Bereich der Metrologie, der sich mit theoretischen Meßproblemen befaßt.

Beispiele:
Zur theoretischen Metrologie gehören u. a. theoretische Überlegungen über Größen und Einheiten, die Theorie der Meßfehler und die Anwendung der Informationstheorie auf Messungen.

0.5 Meßtechnik – Technique des mesurages – Measurement technique Técnica de las mediciones

Bereich der Metrologie, der sich mit der Technik der Ausführung von Messungen befaßt.

0.6 Gesetzliches Meßwesen, Eichwesen – Métrologie légale – Legal metrology – Metrologia legal

Der Teil des Meßwesens, für den amtlich die Sicherheit und angemessene Genauigkeit von Messungen durch verbindliche Anforderungen an Maßeinheiten, Meßmethoden und Meßgeräte gewährleistet wird.

Das Eichwesen in der Bundesrepublik Deutschland ist nach dieser Definition nur ein Teil des Gesetzlichen Meßwesens. Dieser Teil wird bestimmt durch das Gesetz über das Meß- und Eichwesen (Eichgesetz) und das Gesetz über Einheiten im Meßwesen (Einheitengesetz) und ihre Folgeverordnungen.

Daneben gibt es andere gesetzliche Regelungen wie die Strahlenschutzverordnung oder die Röntgenverordnung, die auch Anforderungen an Meßgeräte und Meßmethoden enthalten.

07. Meßtechnische Gewähr, Meßsicherheit – Garantie métrologique – Metrological guarantee – Garantia metrológica

Gesamtheit der angewendeten Vorschriften, technischen Mittel und notwendigen Maßnahmen, um eine angemessene Zuverlässigkeit und Genauigkeit von Messungen zu gewährleisten.

Der Begriff „Meßtechnische Gewähr“ ist ungebräuchlich. Das Eichgesetz fordert als Voraussetzung für die Zulassung zur Eichung: „Die Bauart eines Meßgeräts, das geeicht sein muß, ist zur Eichung zuzulassen, wenn die Bauart richtige Meßergebnisse und eine ausreichende Meßbeständigkeit erwarten läßt (Meßsicherheit).“

In der Eichordnung sind für die verschiedenen eichpflichtigen Meßgerätearten diesbezügliche Anforderungen näher spezifiziert.

Abschnitt 1 Organe und Dienststellen für das Gesetzliche Meßwesen
Organismes et services se rapportant à la métrologie légale
Organizations and services concerned with legal metrology
Organismos y servicios relativos a la metrología legal

Vorbemerkung

A. Das Gesetzliche Meßwesen wird in jedem modernen Staat von einer nationalen Institution geleitet, die in diesem Vokabularium „Nationaler Dienst für Gesetzliches Meßwesen" (Nationaler Meßdienst) genannt wird. Der Aufbau dieses Meßdienstes ist oft von Land zu Land verschieden. Dennoch ist es notwendig, z.B. in den OIML-Empfehlungen, für die Organe und Aufgaben dieses Meßdienstes einheitliche Begriffe zu verwenden. Aus diesem Grunde führt das Vokabularium im Abschnitt 1 eine Reihe von Begriffen ein, die sich auf eine bestimmte gedachte (fiktive) Dienststelle beziehen, die jedoch mit den in den verschiedenen Ländern vorhandenen vergleichbar ist.

Natürlich brauchen bestimmte Organe dieses „fiktiven" Meßdienstes nicht oder nicht vollständig innerhalb des tatsächlichen Meßdienstes zu bestehen. Andererseits kann der Meßdienst auch über mehr Organe verfügen, als hier aufgeführt sind. Das dargestellte Schema könnte bei der Errichtung neuer Meßdienste von Nutzen sein.

B. Die gegenwärtige Organisation des Meßwesens umfaßt außer den nationalen Diensten für das Gesetzliche Meßwesen auch eine Anzahl internationaler Organisationen, deren Ziel die Erhaltung der Einheitlichkeit der Maße in der ganzen Welt ist. Für das Gesetzliche Meßwesen sind die beiden nachfolgend genannten Organisationen von besonderem Interesse;

1. Die Internationale Organisation für Maß und Gewicht
   Organisation Internationale des Poids et Mesures
   The International Organization of Weights and Measures
   Organización Internacional de Pesas y Medidas
   durch die Internationale Meterkonvention – Paris 1875 – gegründet; sie umfaßt:

   a) Die Generalkonferenz für Maß und Gewicht (CGPM)
      La Conférence Générale des Poids et Mesures (CGPM)
      The General Conference of Weights and Measures (CGPM)
      La Conferencia General de Pesas y Medidas (CGPM)
      mit den Aufgaben:
      – die erforderlichen Beschlüsse zur Vervollkommnung und Verbreitung des Internationalen Einheitensystems und der Normale zu erarbeiten und zu fördern.
      – Ergebnisse neuer meßtechnischer Fundamentalbestimmungen und der verschiedenen, die Metrologie betreffenden, wissenschaftlichen Beschlüsse im internationalen Bereich anzuerkennen.

   b) das den Weisungen der Generalkonferenz unterstellte
      Internationale Komitee für Maß und Gewicht (CIPM)
      Le Comité International des Poids et Mesures (CIPM)
      The International Committee of Weights and Measures (CIPM)
      El Comité Internacional de Pesas y Medidas (CIPM)

mit den Aufgaben:

- die Arbeiten des Internationalen Büros für Maß und Gewicht (BIPM) zu leiten und zu überwachen,
- die Zusammenarbeit nationaler Meßdienste bei metrologischen Arbeiten herbeizuführen, die die Generalkonferenz gemeinsam von den Mitgliedsländern der Organisation ausgeführt sehen möchte,
- diese Arbeiten zu leiten und die Ergebnisse abzustimmen,
- die Bewahrung der internationalen Normale zu überwachen.

c) Das Internationale Büro für Maß und Gewicht (BIPM)
Le Bureau International des Poids et Mesures (BIPM)
The International Bureau of Weights and Measures (BIPM)
La Oficina Internacional de Pesas y Medidas (BIPM)

unter Aufsicht des Internationalen Komitees mit folgenden Aufgaben:

- Darstellung der grundlegenden internationalen Normale und der Skalen der wichtigsten physikalischen Größen,
- Bewahrung der internationalen Urnormale,
- Durchführung von Vergleichsmessungen zwischen den nationalen Normalen wie denen für Länge, Masse, Temperatur, Elektrizität, Photometrie und der ionisierenden Strahlen,
- Sicherstellung der Koordinierung der entsprechenden Meßtechniken,
- Bestimmungen grundlegender physikalischer Konstanten auszuführen und zu koordinieren.

2. Internationale Organisation für Gesetzliches Meßwesen (OIML)
Organisation Internationale de Métrologie Légale (OIML)
International Organization of Legal Metrology (OIML)
Organización Internacional de Metrología Legal (OIML)
gegründet durch die Internationale Konvention für Gesetzliches Meßwesen – Paris 1955.

Sie hat u.a. folgende Aufgaben:

- die allgemeinen Grundsätze des Gesetzlichen Meßwesens festzulegen,
- zum Zwecke der Vereinheitlichung von Problemen gesetzlichen Charakters Regelungen im Gesetzlichen Meßwesen zu untersuchen, deren Lösung von internationalem Interesse ist,
- Musterentwürfe für Gesetze und Vorschriften über Meßgeräte und ihre Anwendung zu erstellen,
- ein konkretes Organisationsmuster für einen Meßdienst zur Prüfung und Überwachung von Meßgeräten zu erarbeiten,
- die Merkmale und Eigenschaften festzulegen, denen die Meßgeräte genügen müssen, damit sie in den Mitgliedstaaten zugelassen und zur Verwendung auf internationaler Ebene empfohlen werden können.

Die Internationale Organisation für Gesetzliches Meßwesen umfaßt:

- die Internationale Konferenz für Gesetzliches Meßwesen,
- das Internationale Komitee für Gesetzliches Meßwesen,
- das Internationale Büro für Gesetzliches Meßwesen (BIML).

1.1 Nationaler Dienst für Gesetzliches Meßwesen – Service national de métrologie légale – National service of legal metrology – Servicio nacional de metrología legal

Nationale Institution mit der Aufgabe, in dem jeweiligen Land die Probleme des Gesetzlichen Meßwesens zu lösen.

In der Bundesrepublik teilen sich die Physikalisch-Technische Bundesanstalt (PTB) und die Landeseichbehörden die unter „Bemerkung" aufgezählten Aufgaben.

Die PTB als technische Oberbehörde für das Meß- und Eichwesen ist zuständig für
- die Aufbewahrung und Weitergabe der nationalen Normale,
- den Anschluß von Sekundärnormalen,
- den Vergleich mit internationalen Normalen,
- die Durchführung von Forschungsaufgaben im Bereich der Metrologie,
- die Vertretung der Bundesrepublik in internationalen Gremien für das Meßwesen,
- die Bauartzulassung von Meßgeräten zur Eichung.

Die Landeseichbehörden sind zuständig für die Eichung von Meßgeräten, die Kontrolle von Fertigpackungen und die Ahndung von Verstößen gegen die Vorschriften des Eichgesetzes.

Entwürfe für gesetzliche Regelungen werden in Abstimmung zwischen der PTB und den Landesbehörden erarbeitet und dem Gesetzgeber vorgelegt.

Bemerkung:

Die Hauptaufgaben eines nationalen Meßdienstes sind im allgemeinen:
- *die Aufbewahrung der nationalen Normale sicherzustellen und ihre Richtigkeit durch Vergleiche mit den internationalen Normalen zu garantieren;*
- *die angemessene Genauigkeit von Sekundärnormalen für den Gebrauch innerhalb des Landes durch Anschluß an die nationalen Normale sicherzustellen;*
- *wissenschaftliche und technische Arbeiten für alle Bereiche der Metrologie und der Meßmethoden durchzuführen und an Arbeiten anderer nationaler am Meßwesen interessierter Organisationen teilzunehmen;*
- *Gesetzentwürfe in bezug auf das Gesetzliche Meßwesen vorzubereiten und die entsprechenden Regelungen bekanntzumachen;*
- *die Herstellung und Reparatur von Meßgeräten zu regeln, zu überwachen, zu kontrollieren und beratend zu begleiten;*
- *den Gebrauch von Meßgeräten und Meßmethoden zu kontrollieren, wenn für beide meßtechnische Gewähr zu leisten ist;*
- *wenn nötig, meßtechnische Betrügereien oder Betrügereien beim Verkauf von Gütern aufzuspüren und die Urheber der Justiz zu übergeben;*
- *die Aktivitäten solcher, ihnen nicht unterstellter meßtechnischer Überwachungsbehörden zu koordinieren, die mit ihm zusammenarbeiten, um die Beachtung der Vorschriften des Gesetzlichen Meßwesens sicherzustellen;*
- *die Ausbildung für das Gesetzliche Meßwesen zu organisieren;*
- *ihr Land in den internationalen Gremien des Gesetzlichen Meßwesens zu vertreten.*

1.1.1 Nationales Amt für Gesetzliches Meßwesen – Bureau national de métrologie légale – National bureau of legal metrology – Oficina nacional de metrología legal

Leitendes Organ des Nationalen Dienstes für Gesetzliches Meßwesen.

Früher hat es eine Reichsanstalt für Maß und Gewicht gegeben, die aber 1923 in die Physikalisch-Technische Reichsanstalt eingegliedert wurde. Der PTB sind die Eichbehörden der Länder administrativ nicht unterstellt, insofern kann man nicht von einem nationalen Amt für das Eichwesen sprechen.

1.1.2 Nationales Institut für Gesetzliches Meßwesen – Institut national de métrologie légale – National institute of legal metrology – Instituto nacional de metrología legal

Organ des nationalen Dienstes für Gesetzliches Meßwesen, das beauftragt ist, für diesen Bereich wissenschaftliche Arbeit und Forschung zu betreiben.

Diese Aufgabe nimmt die PTB nicht nur für das Gesetzliche Meßwesen, sondern für die Metrologie insgesamt wahr.

1.1.3 Nationales Eichamt – Bureau national de vérification – National bureau of verification – Oficina nacional de verificación

Teil des nationalen Meßdienstes, der sich mit den unter Punkt 1.1.4 bis 1.1.7 aufgeführten Aufgaben befaßt.

Der Vollzug des Eichgesetzes fällt unter die Zuständigkeit der Bundesländer. Ein Bundeseichamt gibt es nicht.

1.1.4 Regionales Eichamt – Bureau régional de vérification – Regional verification office – Oficina regional de verificación

Organ des Nationalen Meßdienstes mit den Aufgaben:

a) für eine angemessene Genauigkeit der Eichnormale der örtlichen Eichämter, der „mobilen“ Eichämter und der Eichabfertigungsstellen in einem bestimmten Gebiet zu sorgen,
b) die Tätigkeit dieser Ämter zu beaufsichtigen und die metrologische Überwachung in diesem Gebiet auszuführen,
c) die Eichung gewisser Meßgeräte vorzunehmen, deren Eichung er sich vorbehalten hat.

Diese Aufgaben nehmen die Eichdirektionen der Bundesländer wahr.

1.1.5 Örtliches Eichamt – Bureau local de vérification – Local verification office – Oficina local de verificación

Amt des nationalen Meßdienstes mit festem Sitz, dessen Aufgabe es ist, in einem Bezirk des regionalen Eichdienstes gewisse Meßgeräte zu eichen und in einem bestimmten Bereich des Meßwesens die metrologische Überwachung durchzuführen.

In der Bundesrepublik gibt es z.Z. 68 Eichämter, vorwiegend in größeren Städten.

1.1.6 Mobiles Eichamt – Bureau de vérification ambulant – Mobile verification office –Oficina ambulante de verificación

Amtsstelle des nationalen Meßdienstes mit der Aufgabe, in einem Teilgebiet bestimmte Arten von Meßgeräten zu eichen und die metrologische Überwachung ambulant durchzuführen. Es kann seinen Sitz zeitweilig in einem Gebäude oder in einem Spezialfahrzeug haben.

In einigen Ländern (z.B. Hessen) gibt es mobile Eichämter, in anderen Ländern werden an bestimmten Tagen Nacheichungen von Meßgeräten an vorher bekanntgegebenen Orten in den einzelnen Gemeinden durchgeführt.

1.1.7 Eichabfertigungsstelle – Centre de vérification – Verification centre – Centro de verificación

Amtsstelle des nationalen Meßdienstes mit der Aufgabe, in Betrieben bestimmte Meßgeräte zu eichen, die dort hergestellt, repariert oder gebraucht werden.

Vorwiegend in Betrieben, die eichpflichtige Meßgeräte (z.B. Waagen oder Straßenzapfsäulen) in großer Stückzahl herstellen, erfolgt die Ersteichung im Herstellerwerk durch Eichbeamte, wenn eine entsprechende Eichabfertigungsstelle eingerichtet ist.

1.2 Eichbedienstete – Agents de vérification – Verification officers – Agentes de verificación

Angehörige des Nationalen Meßdienstes, die ermächtigt sind, die amtlichen Eichungen auszuführen. Die Gesamtheit der Bediensteten bildet einen hierarchisch gegliederten Verband.

Insgesamt sind etwa 1500 Bedienstete in allen Bundesländern für das Eichwesen tätig.

1.3 Metrologische Überwachungsbehörden – Autorités de surveillance métrologique – Metrological supervising authorities – Autoridades de supervisión metrológica

Vom Nationalen Meßdienst unabhängige Behörden, die jedoch in Zusammenarbeit mit diesem Meßdienst die Einhaltung der Vorschriften des gesetzlichen Meßwesens überwachen.

Neben den Eichbehörden gibt es keine rein metrologischen Überwachungsbehörden, wohl aber andere Institutionen wie Technische Überwachungsvereine, Gewerbeaufsichtsämter, die auch meßtechnische Überwachungen durchführen.

Abschnitt 2 Tätigkeiten des Nationalen Eichdienstes
Activités du service de métrologie légale
Activities of the service of legal metrology
Actividades del servicio de metrología legal

2.0 Meßtechnische Kontrolle – Contrôle métrologique – Metrological control – Control metrológico

Von den zuständigen Behörden ausgeübte Kontrolle, die sich auf die Meßmethoden und die Meßmittel bezieht sowie auf die Bedingungen, unter denen Meßergebnisse erlangt, angegeben und benutzt werden.

2.1 Meßgeräte-Kontrolle – Contrôle des instruments de mesurage – Control of measuring instruments – Control de instrumentos de medición

Gesamtheit der folgenden Maßnahmen:

a) Beurteilung von Baumustern im Hinblick auf die Zulassung von Meßgeräte-Bauarten,
b) Eichung oder Beglaubigung von Meßgeräten,
c) meßtechnische Überwachung.

Die wörtliche Übersetzung deckt im deutschen Sprachgebrauch nicht die Gesamtheit der genannten Tätigkeiten ab, für die es keinen zusammenfassenden Ausdruck gibt.

2.2 Bauartprüfung – Essai d'un modèle – Pattern evaluation – Ensayo de modelo

Prüfung (Untersuchung) eines oder mehrerer vom Hersteller vorgelegter Meßgeräte gleicher Bauart durch den Nationalen Meßdienst. Die Bauartprüfung umfaßt alle Prüfungen, die für die Zulassung erforderlich sind.

2.2.1 Bauartzulassung – Approbation d'un modèle – Pattern approval – Aprobación de un modelo

Durch die zuständige staatliche Stelle, in der Regel der Nationale Meßdienst, getroffene Entscheidung mit der Bestätigung, daß die Meßgeräte-Bauart den vorgeschriebenen Bedingungen entspricht.

Die zuständige staatliche Stelle in der Bundesrepublik Deutschland ist die Physikalisch-Technische Bundesanstalt.

2.2.2 Probeweise Zulassung einer Bauart – Approbation d'un modèle à titre provisoire – Provisional pattern approval – Aprobación provisoria de un modelo

Zulassung einer Bauart für einen begrenzten Zeitraum, in dem unter üblichen Verwendungsbedingungen eine gründliche Erprobung einer genügend großen Anzahl von Meßgeräten, die dem Baumuster entsprechen, vorgenommen werden kann.

Bemerkung:

Durch die Zulassung kann, falls erforderlich, die Anzahl der herzustellenden Geräte, ihr Verwendungsort und das für die Eichung notwendige Zubehör vorgeschrieben werden.

2.2.3 Allgemeine Zulassung zur Eichung – Admission à la vérification – Acceptance for verification – Admisión para la verificación

Eine durch die zuständige staatliche Stelle, in der Regel der Nationale Meßdienst, getroffene Entscheidung, gewisse, einer gesetzlichen Regelung unterworfene Meßgeräte ohne besondere Zulassung der Bauart eichen zu können.

Die Eichbehörden können Meßgeräte ohne Bauartzulassung nur eichen, wenn für die betreffende Meßgeräteart die allgemeine Zulassung zur Eichung in der Eichordnung vorgesehen ist und sie den dort festgelegten Anforderungen entsprechen.

2.3 Prüfung eines Meßgerätes – Examen d'un instrument de mesurage – Examination of a measuring instrument – Examen de un instrumento de medición

Gesamtheit aller Maßnahmen um festzustellen, ob das Meßgerät den eichtechnischen Anforderungen oder den Empfehlungen einer Norm oder technischen Spezifikation genügt.

Dazu gehören die Beschaffenheitsprüfung (Nr. 2.3.3) und die meßtechnische Prüfung (Nr. 2.3.4). Die Eichordnung faßt beide unter dem Begriff ‚Eichtechnische Prüfung' zusammen.

2.3.1 Prüfung auf Übereinstimmung mit der zugelassenen Bauart – Examen de conformité avec le modèle approuvé – Examination for conformity with approved pattern – Examen de conformidad con el modelo aprobado

Prüfung von Meßgeräten um festzustellen, ob sie mit der zugelassenen Bauart übereinstimmen.

2.3.2 (Eichtechnische) Vorprüfung – Examen préalable – Preliminary examination – Examen preliminar

Teilprüfung bestimmter Einzelteile eines Meßgerätes oder auch eines ganzen Meßgerätes, dessen endgültige Eichung erst am Aufstellungsort vorgenommen wird.

2.3.3 Beschaffenheitsprüfung – Examen administratif externe – External administrative examination – Examen administrativo externo

Gesamtheit der Maßnahmen – abgesehen von meßtechnischen Prüfungen – um festzustellen, ob das Meßgerät den vorgeschriebenen Anforderungen entspricht, insbesondere hinsichtlich Aufschriften, Abmessungen, Stempelstellen usw.

2.3.4 Meßtechnische Prüfung – Examen métrologique – Metrological examination – Examen metrológico

Gesamtheit aller Prüfungen um festzustellen, ob das Meßgerät den vorgeschriebenen meßtechnischen Anforderungen genügt.

2.3.5 Eichamtliche Überwachung – Examen de surveillance – Inspection examination – Examen de inspección

Überprüfung eines Meßgerätes auf Gültigkeit des Eichstempels, auf Veränderungen nach der Eichung und auf Einhaltung der Verkehrsfehlergrenzen.

Den Eichbehörden obliegt außerdem die Überwachung von Fertigpackungen, Schankgefäßen, Flaschen, die als Maßbehältnisse verwendet werden, öffentlichen Waagen, Volumenmeßgeräten in der Heilkunde, soweit letztere nicht geeicht werden, und Datenverarbeitungsanlagen als Zusatzeinrichtungen für eichpflichtige Meßgeräte.

2.4 Eichung – Vérification – Verification – Verificación

Durch einen nationalen Meßdienst ausgeführte Maßnahmen um festzustellen und zu bestätigen, daß das Meßgerät vollständig den eichtechnischen Anforderungen genügt. Die Eichung besteht aus der Prüfung und der Stempelung.

2.4.1 Eichung durch Stichprobenprüfung – Vérification par échantillonnage – Verification by sampling – Verificación por muestreo

Eichung einer bestimmten Anzahl (Los) gleichartiger Meßinstrumente, die nach dem Ergebnis der Prüfung eines oder mehrerer Meßgeräte dieses Loses vorgenommen wird.

Ist nur für bestimmte Meßgerätearten möglich; sie sind in der Eichordnung – Allgemeine Vorschriften – genannt. Zu ihnen gehören:
Maßstäbe bis zu 2 m Länge,
Kunststoff- und Metallfässer,
Waagen der Genauigkeitsklasse IIII bis 200 kg,
Vollpipetten und Meßpipetten
sowie Meßgeräte zum einmaligen Gebrauch.
Das Verfahren der statistischen Eichung ist in den PTB-Mitt. Heft 2, S. 109–111, 1979, veröffentlicht.

2.4.2 Ersteichung – Vérification primitive – Initial verification – Verificación primitiva

Eichung eines neuen Meßgerätes, das vorher noch nicht geeicht worden ist.

2.4.3 Nacheichung – Vérification ultérieure – Subsequent verification – Verificación ulterior

Jede der Ersteichung nachfolgende Eichung:
periodische Nacheichung,
Eichung nach Reparatur
oder Eichung vor Ablauf der Eichgültigkeit,
entweder auf Antrag des Benutzers oder weil aus irgendwelchen Gründen das Meßgerät für den Rest der Gültigkeitsdauer nicht mehr gültig gestempelt ist.

2.4.3.1 Erneuerung der Eichung – Renouvellement de la vérification – Verification renewal – Renovación de la verificación

Verlängerung der Eichgültigkeit eines neuen Meßgerätes ohne erneute Prüfung in dem Fall, wo das Meßgerät nach der Ersteichung unbenutzt blieb.

Eine Erneuerung der Eichung ohne erneute Prüfung ist in den Vorschriften nicht vorgesehen.

2.4.4 Vollständige Eichung – Vérification complète – Complete verification – Verificación completa

Eine vollständige Eichung eines Meßgerätes mit Prüfungen, wie sie bei der Ersteichung durchgeführt werden.

In der Regel wird nicht unterschieden zwischen Nacheichung, vollständiger Eichung und vereinfachter Eichung. Wird eine Nacheichung vor Ablauf der regulären Nacheichfrist nötig, liegt es im Ermessen des Eichbeamten, entsprechend den vorliegenden Umständen nur die notwendigen Prüfungen durchzuführen, sofern eine Eichanweisung keine konkreten Vorschriften enthält.

Bemerkung:
Im allgemeinen wird eine vollständige Eichung nach der Reparatur eines Meßgerätes durchgeführt.

2.4.5 Vereinfachte Nacheichung – Vérification simplifiée – Simplified verification Verificación simplificada

Nacheichung eines Meßgerätes, bei der eine vereinfachte Prüfung gerechtfertigt ist.

Siehe auch 2.4.4.

2.4.6 Periodische Eichung -- Vérification périodique – Periodic verification – Verificación periódica

Wiederkehrende Eichung eines Meßgerätes nach Ablauf der Gültigkeitsdauer. Die Nacheichfrist und sonstige Bedingungen sind durch Vorschriften geregelt.

Die Nacheichfristen der einzelnen Meßgerätearten sind in der Verordnung über die Gültigkeit der Eichung geregelt. Sie reicht von einem Jahr bis zu unbefristeten Gültigkeiten. Die normale Nacheichfrist beträgt zwei Jahre.

2.4.7 Ausnahmsweise Eichung – Vérification exceptionnelle – Exceptional verification – Verificación excepcional

Aufgrund von Ausnahmeverhältnissen vorgenommene Eichung eines Meßgerätes.

Ist in den entsprechenden Verordnungen zur Ausführung des Eichgesetzes nicht vorgesehen.

2.4.8 Eichpflicht – Vérification obligatoire – Compulsory verification – Verificación obligatoria

Eichung, die ausgeführt werden muß, damit die Verwendung des Meßgerätes nicht untersagt wird.

Der Umfang der Eichpflicht wird durch das Eichgesetz und die Verordnungen zur Einführung der Eichpflicht geregelt, die aufgrund von Ermächtigungen des Eichgesetzes vom Bundesminister für Wirtschaft mit Zustimmung des Bundesrates erlassen werden können. Eichpflicht besteht für die Messung von im Eichgesetz genannten physikalischen Größen im geschäftlichen und amtlichen Verkehr, bei der amtlichen Überwachung des Straßenverkehrs, im Bereich der Heilkunde, für den Strahlen- und Umweltschutz.

2.4.9 Vorlage zur Eichung (Beglaubigung) – Présentation à la vérification (l'étalonnage) – Submission for verification (calibration) – Presentación a la verificación (calibración)

Alle verwaltungsmäßigen, technischen oder sonstigen Maßnahmen, die von einer Person, die ein Meßgerät zur Eichung vorstellt, ausgeführt werden müssen.

2.4.10 Ablehnung eines Meßgerätes – Refus d'un instrument de mesurage – Rejection of a measuring instrument – Rechazo de un instrumento de medición)

Entscheidung eines Organs des nationalen Meßdienstes, daß das Meßgerät nicht den vorgeschriebenen Eichanforderungen entspricht.

2.4.11 Ungültigwerden der Eichung – Perte de validité de la vérification – Loss of validity of verification – Perdida de validez de la verificación

Verlust der Eichgültigkeit eines Meßgerätes, wenn es nicht mehr den Vorschriften entspricht.

2.4.12 Freiwillige Eichung – Vérification facultative – Optional verification – Verificación opcional

Eichung eines Meßgerätes, die nicht gesetzlich vorgeschrieben ist.

2.5 Beglaubigung (von Normalen) – Étalonnage – Calibration – Calibración

Alle Maßnahmen, die zur Bestimmung der Fehler (und eventuell anderer meßtechnischer Eigenschaften) eines Meßgerätes nötig sind.

Bemerkung:
Kann durchgeführt werden im Hinblick auf die Benutzung des Meßgerätes als Normal.

Als Beglaubigung bezeichnet man auch die meßtechnische Prüfung und Stempelung von Meßgeräten für Wasser, Gas, Wärme oder Elektrizität durch staatlich anerkannte Prüfstellen. Diese Prüfstellen werden von den Eichbehörden überwacht. Ihre Beglaubigungen stehen rechtlich den Eichungen gleich.

2.5.1 Befundprüfung – Expertise métrologique – Metrological evaluation – Evaluación metrológica

Alle Maßnahmen einer zuständigen Stelle zum Zweck, den augenblicklichen Zustand eines Meßgerätes und seine meßtechnischen Eigenschaften u.a. im Hinblick auf diesbezügliche vorgeschriebene Anforderungen zu prüfen und zu bestätigen. Dies ist im allgemeinen für gerichtliche Zwecke erforderlich.

Bei der Befundprüfung muß ein Meßgerät die Verkehrsfehlergrenzen und die Anforderungen, die zum Zeitpunkt der letzten voraufgegangenen Eichung anzuwenden waren, einhalten.

2.6 Meßtechnische Überwachung – Surveillance métrologique – Metrological supervision – Supervisión metrológica

Kontrollverfahren, die sich auf die Herstellung, die Inbetriebnahme, die Reparatur oder auch den Gebrauch von Meßgeräten erstrecken können, um sich zu vergewissern, daß sie richtig und entsprechend den Vorschriften benutzt werden. Sie erstrecken sich auch auf die Überprüfung der Mengenangaben auf Fertigpackungen.

Herstellung, Reparatur und die dabei verwendeten Verfahren der Qualitätssteuerung unterliegen nicht der Überwachung durch die Eichbehörden. Sie prüfen nur fertige Meßgeräte oder Teile von Meßgeräten und ihre ordnungsgemäße Verwendung.

2.7 Stempelung – Poinçonnage – Stamping – Punzonado

Aufbringen der Stempelzeichen auf das Meßgerät, um seine Übereinstimmung mit den Eichvorschriften zu beurkunden. Mit gewissen Stempeln können bestimmte Teile des Meßgerätes, die Einfluß auf die meßtechnischen Eigenschaften haben, gegen Eingriffe nach der Eichung gesichert werden.

2.7.1 Entwertung des Eichzeichens – Oblitération de la marque de vérification – Obliteration of the verification mark – Cancelación de la marca de verificación

Annulierung der Eichzeichen (z.B. durch Entwertungszeichen), wenn festgestellt worden ist, daß das Meßgerät den vorgeschriebenen Anforderungen nicht mehr entspricht.

2.8 (im "Vocabulaire" nicht vorhanden).

2.8.1 Justieren, Abgleichen – Ajuster – Adjustment – Ajustar

Ein Meßgerät in einen Funktionszustand mit einer für seinen Gebrauch ausreichenden Genauigkeit bringen.

2.8.2 Graduieren – Calibrer – Gauging (pointing, calibration) – Marcar

Festlegung der Teilungsmarken (ggf. nur gewisser Hauptmarken) eines Meßgerätes als Funktion des entsprechenden Wertes der zu messenden Größe.

2.8.3 Skalieren – Graduer – Graduation – Graduar

Ausführung der Skala eines Meßgerätes aufgrund bereits vorher bestimmter Teilungsmarken (durch Interpolation zwischen Hauptmarkten, falls das ein geeignetes Verfahren ist).

Abschnitt 3 Dokumente und Zeichen des Eichwesens
Documents et marques du service de métrologie légale
Documentation and markings of the service of legal metrology
Documentos y marcas del servicio de metrología legal

3.1 Gesetz zum Eichwesen – Loi relative à la métrologie légale – Law concerning legal metrology – Ley relativa a la metrología legal

Gesetz- oder – in gewissen Ländern – Rechtsverordnung zur Festlegung der gesetzlichen Einheiten, zur Einrichtung und Organisation des nationalen gesetzlichen Meßwesens sowie über die Eichpflicht.

Vorschriften über die gesetzlichen Einheiten enthalten das Gesetz über Einheiten im Meßwesen und die Ausführungsverordnung dazu. Das Gesetz über das Eich- und Meßwesen nennt die Bereiche (geschäftlicher Verkehr, amtlicher Verkehr, amtliche Überwachung des Straßenverkehrs, Heilkunde, Herstellung und Prüfung von Arzneimittel), die Messungen genannter physikalischer Größen mit geeichten Meßgeräten erfordern. Das Gesetz wird durch eine Reihe von Ausführungsverordnungen ergänzt.

3.1.1 Vorschriften über die Eichung von Meßgeräten, die der Bauartzulassung unterliegen (oder allgemein zugelassen sind) – Prescriptions relatives à la vérification d'instruments de mesurage – Assujettis à l'approbation de modèle (dispensés d'approbation de modèle) – Requirements concerning the verification of measuring instruments for which pattern approval is prescribed (or which are exempt from pattern approval) – Prescripciones relativas a la verificación de instrumentos de medición sujetos a la aprobación de modelo (eximidos de la aprobación de modelo)

Gesetzliche Vorschriften für eichpflichtige Meßgeräte einer Bauart, die zur Eichung zugelassen werden muß (einer Bauart, die allgemein zur Eichung zugelassen ist).

Entsprechende Vorschriften enthalten die Eichanweisungen für die einzelnen Meßgerätearten oder sie werden ggfs. bei der Bauartzulassung in der Anlage zum Zulassungsschein festgelegt.

3.1.2 Vorschriften für die Bauartzulassung von Meßgeräten – Prescriptions relatives à l'approbation des modèles d'instruments de mesurage – Requirements concerning the pattern approval of measuring instruments – Prescripciones relativas a la aprobación de modelos de instrumentos de medición

Gesetzliche Vorschriften zur Festlegung der Bedingungen für die Bauartzulassung gewisser Arten von Meßgeräten.

Entsprechende Vorschriften sind in der Eichordnung enthalten.

3.1.3 Verordnung über die Eichpflicht von Meßgeräten – Spécification des instruments de mesurage assujettis à la vérification – Specification of measuring instruments subject to verification – Especificación de instrumentos de medición sujetos a la verificación

Verordnung die alle Arten eichpflichtiger Meßgeräte nennt.

Eine Verordnung, die alle eichpflichtigen Meßgerätearten benennt, gibt es nicht, da eine Aufzählung bereits im Eichgesetz erfolgt. Nur für Meßgerätearten, die aufgrund von Ermächtigungen nach Erlaß des Eichgesetzes eichpflichtig wurden, gibt es Eichpflichtverordnungen.

3.1.4 Eichanweisungen für gewisse Meßgeräte – Instruction relative à la vérification de certains instruments de mesurage – Instruction concerning the verification of certain measuring instruments – Instrucción relativa a la verificación de ciertos instrumentos de medición

Anweisungen, die sich auf das vorgeschriebene Verfahren zur Eichung gewisser Meßgeräte beziehen.

Es handelt sich dabei um Verwaltungsvorschriften, die sich an Eichbeamte richten.

3.2 Kennzeichen auf einem Meßgerät – Marques d'un instrument de mesurage – Markings on a measuring instrument – Marcas de un instrumento de medición

Kennzeichen auf einem Meßgerät, die es erlauben, einige seiner charakteristischen Eigenschaften oder seine Qualität zu erkennen oder seine Identifikation ermöglichen.

Beispiel: Herstellerzeichen, Eichzeichen.

3.2.1 Stempelzeichen – Marque de vérification – Verification mark – Marca de verificación

An einem Meßgerät angebrachte Zeichen zur Bestätigung, daß das Gerät den Prüfbedingungen bei der Eichung entsprochen hat oder die verhindern sollen, daß bestimmte Geräteteile entfernt, verstellt oder verändert werden.

3.2.2 Hauptstempel – Marque principale de vérification – Principal verification mark – Marca principal de verificación

Ein Zeichen zur Bestätigung, daß das Meßgerät den Prüfbedingungen bei der Eichung genügt hat.

Besteht aus dem Eichzeichen und dem Jahreszeichen oder der Jahresbezeichnung.

3.2.3 Eichzeichen – Marque du bureau – Office mark – Marca de oficina

Teil des Eichstempels, aus dem ersichtlich ist, welches Eichamt die Eichung vorgenommen hat.

Mit der 4. Änderungsverordnung zur Eichordnung wurden die Ordnungszahlen der Eichämter abgeschafft. Aus dem Eichzeichen ist nur noch die Eichaufsichtsbehörde ersichtlich (z. B. Berlin 1, Niedersachsen 8, Hessen 10).
Die Eichzeichen der Eichaufsichtsbehörden bestehen aus einem gewundenen Band mit dem Buchstaben D, der jeweiligen Ordnungszahl und einem sechsstrahligen Stern.

Beispiel:

3.2.4 Jahresbezeichnung – Marque annuelle – Year mark – Marca anual

Zeichen, aus dem das Jahr der Eichung ersichtlich ist.

Neben dem Jahreszeichen, das das letzte Jahr der Gültigkeit der Eichung kennzeichnet, gibt es auch noch die Jahresbezeichnung, die für Meßgeräte mit unbefristeter Eichgültigkeit und bei Meßgeräten für Elektrizität, Gas, Wasser und Wärme als Teil des Hauptstempels benutzt wird und das Jahr der Eichung kennzeichnet.
Das Jahreszeichen besteht aus den beiden letzten Ziffern der Jahreszahl in Schildumrandung, bei der Jahresbezeichnung fehlt die Schildumrandung.

Beispiel:

Jahreszeichen 

Jahresbezeichnung **74**

3.2.5 Entwertungszeichen – Marque de refus – Rejection mark – Marca de rechazo

Ein Zeichen, das kenntlich macht, daß das Meßgerät nicht den Eichvorschriften entspricht.

Das Entwertungszeichen besteht aus sich tangierenden Halbkreisen in folgender Ausführung  .

Bemerkung:
Dieses Zeichen wird auch benutzt, um das Eichzeichen eines zurückgewiesenen Meßgerätes ungültig zu machen.

3.2.6 Sicherungsstempel – Marques de protection – Protective marks – Marca de protección

Sind alle Stempel, deren Zerstörung oder Beschädigung darauf schließen lassen, daß bestimmte Teile eines Meßgerätes entfernt, verändert oder ausgewechselt wurden. Diese Stempel werden auch als Sicherungsstempel bezeichnet.

Die wörtliche Übersetzung „Schutzstempel" ist ungebräuchlich. Als Sicherungsstempel wird das Eichzeichen verwendet.

3.2.7 Zulassungszeichen – Marque d'approbation de modèle – Pattern approval mark – Marca de aprobación de modelo

Wird bei der Zulassung einer Bauart festgelegt sowie an jedem Meßgerät angebracht, das dieser Bauart entspricht, um seine Übereinstimmung mit dem geprüften Baumuster zu bestätigen.

Das Zulassungszeichen hat die Form 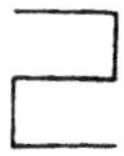

In das Zeichen werden Kenn-Nummern für die zugelassene Bauart, eine laufende Nummer und die letzten beiden Ziffern des Jahres der Zulassung eingetragen.

3.3 Stempel – Poinçon – Die-stamp – Punzón

Ist ein mit den oben beschriebenen Zeichen versehenes Werkzeug. Er dient dazu, diese Zeichen auf dem Gerät anzubringen.

3.3.1 Eichschein – Certificat de vérification – Verification certificate – Certificado de verificación

Urkunde, in der die Eichung eines Meßgeräts bestätigt wird.

Ein Eichschein wird in der Regel nicht erteilt, es sei denn, die Eichordnung sieht diese Möglichkeit vor und der Antragsteller wünscht ihn.

Bemerkung:
Auf dem Eichschein können nochmals die Vorschriften und Anweisungen für die Eichung festgelegt sein. Auch die erreichten Ergebnisse sowie die Gültigkeitsdauer können hierauf vermerkt sein.

3.3.2 Beglaubigungsschein (Prüfungsschein) – Certificat de'étalonnage (d'expertise) – Calibration (evaluation) certificate – Certificado de calibración (de evaluación)

Dokument, das die Prüfung eines (Normal-)Meßgeräts bestätigt und die dabei erzielten Ergebnisse angibt.

3.3.3 Ablehnungsbescheid – Bulletin de refus – Rejection notice – Nota de rechazo

Für ein Meßgerät ausgestelltes Dokument, das bestätigt, daß das Meßgerät nicht oder nicht mehr den betreffenden Vorschriften genügt (2.4.10).

Der Antrag auf Eichung wird abgelehnt und gegenüber dem Antragsteller entsprechend begründet, wenn das Meßgerät

- nicht eichfähig ist,
- Mängel hat, die eine Eichung nicht zulassen,
- nicht gereinigt oder ordnungsgemäß hergerichtet ist oder
- wenn andere Gründe einer Eichung entgegenstehen.

3.4 Bezeichnungen und Aufschriften eines Meßgerätes – Inscriptions d'identification d'un instrument de mesurage – Identification inscriptions of a measuring instrument – Inscripciones de identificación de un instrumento de medición

Alle Aufschriften, Nummern oder Zeichen auf einem Meßgerät, die seine Herkunft, Bestimmung, Funktionsweise, Eigenschaften, Gebrauch usw. kennzeichnen.

Beispiele:

a) Selbsteinspielende Waage
Herstellerzeichen: AB5
Höchstlast: 15 kg
Mindestlast: 100 g
Teilungswert: 5 g

b) Elektrizitätszähler
Herstellerzeichen: C2
Einphasen Wechselstrom
220 V–5 A – 50 Hz – 650 U/kWh
Zulassungszeichen: ....
Herstellungsjahr: 1966

Abschnitt 4 Größen und Einheiten im Meßwesen
Grandeurs et unités de mesure
Quantities and units of measurement
Magnitudes y unidades de medida

4.1 (Meßbare) Größe – Grandeur (Mesurable) – Quantity (Measurable) – Magnitud (Mensurable)

Eigenschaft von Vorgängen, Zuständen oder Objekten, die sich qualitativ und quantitativ bestimmen läßt.

S.a. DIN 1313, April 1978
Physikalische Größen und Gleichungen, Begriffe und Schreibweisen.

Bemerkungen:

1. *Der Ausdruck Größe wird im allgemeinen Sinne (von Größenart) wie auch für eine bestimmte Größe benutzt.*
2. *Wenn keine Verwechslungsmöglichkeiten bestehen, kann der Ausdruck „Meßbare" weggelassen werden.*

Beispiele:

a) Größen im allgemeinen Sinn (Größenart):
Länge, Zeit, Masse, Temperatur, Härte, elektrischer Widerstand,

b) Größen im quantitativen Sinn:
Länge eines Seiles, elektrischer Widerstand eines Drahtes.

4.1.1 Meßgröße – Grandeur à mesurer – Quantity to be measured, measured Quantity – Magnitud a medir

Größe, die durch eine Messung ermittelt werden soll.

S. a. DIN 1319 Teil 1, November 1971
Grundbegriffe der Meßtechnik, Messen, Zählen, Prüfen
und VDI/VDE 2600 Teil 2, November 1973
Metrologie (Meßtechnik), Grundbegriffe.

4.1.2 Einflußgröße – Grandeur d'influence – Influence quantity – Magnitud de influencia

Größe, die nicht Gegenstand der Messung ist, jedoch Einfluß auf die zu messende Größe, auf die Anzeige des Meßgeräts oder auf den Wert der durch eine Maßverkörperung dargestellten Größe ausübt.

Beispiele wichtiger Einflußgrößen: Temperatur, Feuchte, Luftdruck, elektromagnetische Felder, Störspannungen, Fremdlicht.
S. a. VDI/VDE 2600 Teil 4, November 1973
Metrologie (Meßtechnik), Begriffe zur Beschreibung der Eigenschaften von Meßeinrichtungen.

Bemerkung:
Die Einflußgröße kann in der äußeren Umgebung des Meßgeräts oder auch im Meßgerät selbst ihren Ursprung haben.

4.2 Wert einer gegebenen Größe – Valeur d'une grandeur déterminée – Value of a given quantity – Valor de una magnitud determinada

Größe, die durch das Produkt aus Zahlenwert und Einheit ausgedrückt wird.

Beispiele:
5 m, 12 kg, 20 °C

4.2.1 Wahrer Wert einer Größe – Valeur vraie d'une grandeur – True value of a quantity – Valor verdadero de una magnitud

Wert, der eine vollständig bestimmte Größe in dem Augenblick kennzeichnet, in dem ihr Wert ermittelt wird.

Der Kilogrammprototyp verkörpert unter den festgelegten Bedingungen die Einheit der Masse, das Kilogramm. Es ist aber nicht möglich, diesen „wahren" Wert durch Vergleich mit Hilfe einer Meßapparatur (z. B. einer gleicharmigen Balkenwaage) auf ein anderes Platin-Iridium-Stück derselben Größe, Gestalt und Zusammensetzung zu übertragen. Meßapparaturen und die Meßmethoden bedingen Fehler. Sie müssen abgeschätzt werden. Die Vergleichsmessungen liefern deshalb nur Schätzwerte für den „wahren" Wert. (s. a. Abschnitt 8). Für praktische Anwendungen kann man die Schätzwerte als „richtig" definieren (vgl. 4.2.1.1). Da im französischen und englischen Sprachgebrauch dasselbe Wort für wahr und richtig (vrai bzw. true) gebraucht wird, benutzt man zur Unterscheidung des Sachverhalts valeur *conventionellement* vraie bzw. *conventional* true value. In der Übersetzung wird immer konventionell richter Wert verwendet, um auf die Konvention über den richtigen Wert explizit hinzuweisen, obwohl VDI/VDE 2600 Teil 4 nur vom richtigen Wert spricht.

Bemerkung:
Der wahre Wert einer Größe ist ein gedanklicher Begriff. Er ist im allgemeinen nicht bekannt. Man kann jedoch sagen, daß der wahre Wert des Kilogrammprototyps, der im Pavillon de Breteuil hinterlegt ist, definitionsgemäß und unter den festgelegten Bedingungen 1 kg ist.

Beispiel:
Die wahre Länge eines Endmaßes aus Metall ist die durch den Abstand der beiden Endflächen bestimmte Länge, wenn diese Flächen vollkommen parallel sind und senkrecht zur Achse des Stabes liegen, soweit alle Einflußgrößen und Meßbedingungen genau festgelegt sind.

4.2.1.1 Konventionell richtiger Wert einer Größe – Valeur conventionnellement vraie d'une grandeur – Conventional true value of a quantity – Valor convencionalmente verdadero de una magnitud

Der dem wahren Wert so stark angenäherte Wert, daß die Differenz zwischen beiden Werten für den bestimmten Anwendungsfall vernachlässigt werden kann.

Bemerkung:

Man bestimmt den konventionell richtigen Wert einer Größe im allgemeinen mit Hilfe ausreichend genauer, dem Meßzweck angepaßter Methoden und Geräte.

Beispiel:

Wenn ein Elektrizitätszähler, dessen Fehlergrenzen ± 2 % betragen, mit Hilfe eines Vergleichszählers geeicht wird, dessen Anzeigefehler im gleichen Meßbereich ± 1 % nicht überschreitet, so wird dieser Vergleichszähler für den Zweck der Eichung als richtig angesehen, er zeigt also konventionell richtige Werte der elektrischen Energie an. Wenn ein Vergleichszähler selbst mit einem Normal-Wattmeter der Klasse 0,2 unter Verwendung eines Chronometers von ausreichender Genauigkeit geeicht wird, so sind die mit Hilfe dieser Größe gewonnenen Werte wiederum konventionell richtige Werte für diese Eichung.

4.2.2 Zahlenwert einer Größe – Valeur numérique d'une grandeur – Numerical value of a quantity – Valor numerico de una magnitud

Reine Zahl bei der Angabe eines Wertes einer bestimmten Größe.

4.2.3 Augenblickswert einer Größe – Valeur instantanée d'une grandeur – Instantaneous value of a quantity – Valor instantaneo de una magnitud

Zu einem bestimmten Zeitpunkt gemessener Wert einer Größe.

4.2.4 Ortswert einer Größe – Valeur locale d'une grandeur – Local value of a quantity – Valor local de una magnitud

An einem bestimmten Ort oder Punkt des Raumes gemessener Wert einer Größe.

4.3 Größensystem – Système de grandeurs – System of quantities – Sistema de magnitudes

Gesamtheit, die eine gegebene Gruppe von Basisgrößen und daraus abgeleiteten Größen darstellt und die alle naturwissenschaftlichen Gebiete oder nur eines davon umfaßt.

Das Einheitengesetz schreibt vor, daß im geschäftlichen und amtlichen Verkehr Größen in gesetzlichen Einheiten anzugeben sind. Als solche sind die Einheiten des Internationalen Einheitensystems (SI) durch die Richtlinie des Rates der Europäischen Gemeinschaft über Einheiten im Meßwesen vom 20.12.1979, die die frühere Richtlinie von 1971 ersetzt, verbindlich geworden. Übergangsweise dürfen noch einige andere Einheiten verwendet werden.

Obwohl in anderen Bereichen beliebige Größensysteme verwendet werden dürfen, setzt sich das internationale Einheitensystem, das in mehr als 100 Staaten eingeführt ist, immer mehr durch. Seine Verwendung wird durch internationale Normen (ISO 1000) empfohlen.

Bemerkung:

1. *Als Kurzbezeichnung für ein bestimmtes Größensystem benutzt man die Formelzeichen aller zugehörigen Basisgrößen.*
2. *Jedem Größensystem kann man mehrere Einheitensysteme zuordnen.*

Beispiele:

l-m-t-Größensystem der Mechanik

l-m-t-I-Größensystem der Mechanik und der Elektrizität.

4.3.1 Basisgröße – Grandeur de base – Base quantity – Magnitud de base

Bezeichnung für Größen in einem Größensystem, die unabhängig voneinander festgesetzt sind und mittels derer die von ihnen abgeleiteten Größen in dem System durch Definitionsgleichungen dargestellt werden können.

Bemerkung:

Diese Definition greift der Entscheidung über die unabhängig voneinander festzusetzenden Größen nicht vor. Sie sagt nichts darüber aus, ob man eine gegebene Größe als Basisgröße zulassen kann, wenn schon gewisse andere Größen dazu bestimmt sind. Wenn man z. B. als Basisgrößen Länge l und Zeit t angenommen hat, ist es nicht mehr möglich, die (lineare) Geschwindigkeit als unabhängige Größe anzusehen.

Als Beispiel dafür, daß die obige Definition der Entscheidung über die unabhängig voneinander festsetzbaren Größen nicht vorgreift, kann das Ampere dienen; denn zu seiner Definition wird auf die Basisgröße Länge und die aus den Basisgrößen Masse und Zeit abgeleitete Größe Kraft zurückgegriffen.

Beispiel:

Für das Gebiet der mechanischen Größen werden im allgemeinen als Basisgrößen die Länge, die Masse und die Zeit und im Bereich der thermischen Größen zusätzlich die Temperatur als Basisgröße verwendet.

4.3.2 Abgeleitete Größe – Grandeur dérivée – Derived quantity – Magnitud derivada

Einem Größensystem zugeordnete Größe, die aus Basisgrößen dieses Systems abgeleitet ist.

Beispiele:

Die Kraft F, gegeben in dem Größensystem l, m, t durch die Gleichung $F = m \cdot d^2\, l/dt^2$; *die magnetische Feldstärke H in einem Abstand r von einem geradlinigen Leiter, der vom Strom I durchlossen wird, in dem System l, m, t, I definiert durch die Gleichung* $H = I/2\pi r$.

4.3.3 Dimension einer Größe – Dimension d'une grandeur – Dimension of a quantity – Dimensión de una magnitud

Ausdruck, der eine Größe eines Systems als Potenzprodukt von Basisgrößen dieses Systems mit dem Zahlenfaktor 1 darstellt.

Bemerkungen:

1. *Die Exponenten in der Dimension einer Größe werden Dimensionsexponenten genannt.*
2. *Um den Unterschied zwischen dem Formzelzeichen einer Größe und dem Symbol seiner Dimension zu verdeutlichen, gebraucht man im Druck im ersten Fall kursive (schräge) Buchstaben, im zweiten Fall große Buchstaben.*

Neben der angegebenen Schreibweise sieht DIN 1313, Physikalische Größen und Gleichungen, Begriffe und Schreibweisen, April 1978 die Darstellung einer Dimension mit Hilfe des Zeichens dim vor dem Formelzeichen der zugeordneten Größe vor.

Beispiele:

$\mathrm{LMT^{-2}}$ = *Dimension der Kraft im Größensystem l, m, t*
$\mathrm{L^{3/2}M^{1/2}T^{-2}}\mu^{1/2}$ = *Dimension der elektrischen Spannung im Größensystem l, m, t, μ*
$\mathrm{L^2MT^{-3}I^{-1}}$ = *Dimension derselben elektrischen Spannung im Größensystem l, m, t, I.*

4.3.4 Dimensionslose Größe – Grandeur sans dimension – Dimensionless quantity – Magnitud sin dimensión (adimensional)

Von den Basisgrößen irgendeines gegebenen Größensystems unabhängige Größe.

Bemerkung:

Eine Größe ohne Dimension wird durch das Potenzprodukt mit dem Exponenten Null des Basissystems dargestellt. Eine dimensionslose Größe unterscheidet sich jedoch von einer reinen Zahl, da sie die Merkmale und Eigenschaften einer Größe hat.

4.3.5 Dimensionsgleiche Größen – Grandeurs équidimensionnelles – Equidimensional quantities – Magnitudes equidimensionales

Unterschiedliche Größen mit der gleichen Dimension in einem gegebenen Größensystem.

Beispiel:

Arbeit und Drehmoment einer Kraft.

4.3.6 Meßinformation – Information de mesurage – Measurement information – Informe de medición

Gesamtheit aller Informationen über die Werte der gemessenen Größen, die man durch Messungen erhält.

4.4 Größengleichung – Équation entre grandeurs – Equation between quantities (quantity equation) – Ecuación entre magnitudes

Gleichung, in der die Buchstabensymbole Größen darstellen.

S. a. DIN 1313, April 1978
Physikalische Größen und Gleichungen, Begriffe und Schreibweisen.

Bemerkung:
Die Größengleichung ist unabhängig von den Einheiten gültig und setzt nicht die Anwendung bestimmter Einheiten voraus.

Beispiele:
$l = v \cdot t$ *Größengleichung für den Weg l, den ein sich gleichförmig mit der Geschwindigkeit v bewegender Körper in der Zeit t zurückgelegt hat.*
$S = \frac{b \cdot h}{2}$ *Größengleichung für die die Fläche S eines Dreiecks, dessen eine Seite b und dessen zugehörige Höhe h ist.*

4.4.1 Zahlenwertgleichung – Équation entre valeurs numériques – Equation between numerical values – Ecuación entre valores numéricos

Gleichung, in der die Buchstabensymbole Zahlenwerte entsprechend den benutzten Einheiten darstellen.

Bemerkungen:
1. *Die Zahlenwertgleichung für Einheiten eines kohärenten Einheitensystems kann auch als Größengleichung angesehen werden.*
2. *Um Mißverständnisse auszuschließen, empfiehlt es sich, in Zahlenwertgleichungen abweichende Symbole von den in Größengleichungen benutzten zu verwenden.*

Beispiele:
1. $v_{m/s} = \frac{\pi}{60} d_m \omega_{min}{}^{-1}$ *ist eine Zahlenwertgleichung für die lineare Geschwindigkeit v eines auf einem Kreis mit dem Durchmesser d gelegenen Punktes, der sich um den Mittelpunkt des Kreises mit der Winkelgeschwindigkeit ω bewegt, unter Benutzung der folgenden Einheiten:*
v in Meter/Sekunde
d in Meter
ω in Minute hoch minus ein.

2. *Die oben angeführte Gleichung kann auch in der Form:*

$\{v\} = (\pi/60)\ \{d\}\ \{n\}$

dargestellt werden, wobei

$\{v\}$ *der Zahlenwert von v für die Einheit* m/s *ist,*

$\{d\}$ *der Zahlenwert von d für die Einheit* m *ist*

und

$\{n\}$ *der Zahlenwert von n für die Einheit* min^{-1} *ist.*

Nach DIN 1313 ist für eine allgemeine Darstellung eines beliebigen Größenwertes als Produkt Zahlenwert mal Einheit das in geschweifte Klammern gesetzte Formelzeichen für einen Zahlenwert und das in eckige Klammern gesetzte Formelzeichen als Einheitenzeichen zu verwenden.
Bei der Darstellung von Einheitennamen in Systemen mit beschränktem Schriftzeichenvorrat ist die entsprechende DIN Norm 66030, Nov. 1980 zu beachten.

4.4.2 Einheitengleichung – Equation entre unités de mesure – Equation between units of measurement – Ecuación entre unidades de medida

Gleichung, in der die Buchstabensymbole Einheiten darstellen. Diese Gleichung wird verwendet, um

- Einheiten für abgeleitete Größen in einem bestimmten Einheitensystem mit Hilfe der Basiseinheiten oder anderer abgeleiteter Einheiten dieses Einheitensystems zu definieren,
- die Beziehung zwischen der Einheit einer Größe und den Vielfachen oder Teilen dieser Einheit darzustellen,
- die Umrechnungsfaktoren zwischen den Einheiten von Größen gleicher Dimension in verschiedenen Größensystemen anzugeben.

Beispiele:

1 cm = 0,01 m; 1 m^2 = 1 m · 1m; 1 W = 1 V · 1 A; 1 m/s = 1 m/1 s; 1 kp = 1 kg · 9,80665 $\mathrm{m/s}^2$ = 9,80665 N

Allg.: Die Einheitengleichung für $[x_{n+1}]$, *ausgedrückt durch* $[x_1]\,[x_2] \ldots [x_n]$, *lautet:*

$$[x_{n+1}] = K\,[x_1]^{\alpha_1}\,[x_2]^{\alpha_2} \ldots [x_n]^{\alpha_n}$$

wobei $\alpha_1, \alpha_2 \ldots \alpha_n$ *und K Zahlenwerte sind.*

4.5 Skala (zur Darstellung) einer Größe – Echelle (de repérage d'une grandeur – Reference-value scale (of a quantity) – Escala de valores (de referencia) de una magnitud

Eine Anzahl von Werten einer Größe, die nach vereinbarten Vorschriften bestimmt werden.

Beispiele:

Die internationale praktische Temperaturskala, die aufgrund der Schmelz- oder Siedepunkte einer Reihe reiner Stoffe mit Hilfe geeigneter Meßgeräte und aufgrund von Interpolationsformeln dargestellt wird.
Die Härteskala nach Mohs, die auf der Basis der Härten von einer Reihe bestimmter Mineralien aufgestellt ist.

4.6 Einheit (im Meßwesen) – Unité de mesure – Unit of measurement – Unidad de medida

Durch Übereinkunft angenommene Bezugsgröße mit dem Zahlenwert 1.

Bemerkung:

Die Einheit einer Größe wird festgelegt, um den quantitativen Vergleich unterschiedlicher Wertigkeiten derselben Größe vornehmen zu können.

4.6.1 Einheitensymbol – Symbole de l'unité de mesure – Symbol of unit of measurement – Símbolo de la unidad de medida

Vereinbartes Zeichen, das die Einheit darstellt.

Beispiele:

m: *Symbol für das Meter;*
A: *Symbol für das Ampere;*
°: *Symbol für den Winkelgrad.*

4.6.2 Gesetzliche Einheit – Unité de mesure légale – Legal unit of measurement – Unidad de medida legal

Einheit, deren Anwendung durch eine Rechtsverordnung vorgeschrieben oder zugelassen ist.

Das Gesetz über Einheiten im Meßwesen und die Ausführungsverordnung dazu nennen die Einheiten, die im geschäftlichen und amtlichen Verkehr anzuwenden sind.
Es sind, mit wenigen Ausnahmen für spezielle Größen und befristete Übergangszeiten, die SI-Einheiten, von ihnen abgeleitete Einheiten und ihre dezimalen Teile und Vielfache (s. a. DIN 1301 Einheiten, Februar 1978). Das Gesetz über das Eich- und Meßwesen schreibt vor, daß eichpflichtige Meßgeräte Meßwerte in gesetzlichen Einheiten anzeigen müssen.

4.6.3 Basiseinheit – Unité de mesure de base – Base unit of measurement – Unidad de medida de base

Einheit einer Basisgröße.

Bemerkung:
Aus den Basiseinheiten werden die abgeleiteten Einheiten eines Einheitensystems gebildet.

Beispiel:
Das Meter ist die Basiseinheit der Basisgröße „Länge" im internationalen Einheitensystem. Vom Meter und den anderen Basiseinheiten werden die abgeleiteten Einheiten dieses Systems gebildet: Einheiten der Geschwindigkeit, der Kraft, der elektrischen Spannung...

4.6.4 Abgeleitete Einheit – Unité de mesure dérivée – Derived unit of measurement – Unidad de medida derivada

Einheit einer abgeleiteten Größe.

Bemerkung:
Für einige Einheiten gibt es besondere Namen und Symbole, z. B. Newton (N), *Joule* (J), *Volt* (V) *als SI-Einheiten für die Größen Kraft, Energie, elektrische Spannung. Häufig ist es vorteilhaft, abgeleitete Einheiten nicht aus Basiseinheiten, sondern mit Hilfe von anderen abgeleiteten Einheiten auszudrücken.*

Beispiele:
Im Internationalen Einheitensystem (SI): $m \cdot s^{-1}$ *= abgeleitete Einheit der Geschwindigkeit;*
$1\ Wb = 1\ m^2 \cdot kg \cdot s^{-2} \cdot A^{-1}$ *= abgeleitete Einheit des magnetischen Flusses; diese Einheit kann beispielsweise auch durch die beiden anderen abgeleiteten Einheiten* C *und* ω *ausgedrückt werden.*

4.6.5 Kohärente Einheit – Unité de mesure cohérente – Coherent unit of measurement – Unidad de medida coherente

Einheit, die aus den Basiseinheiten als Potenzprodukt mit dem Zahlenwert 1 gebildet wird.

Bemerkungen:
1. *Der Ausdruck „kohärente Einheit" ist eine Abkürzung für die genauere Bezeichnung „Einheit in einem kohärenten Einheitensystem"; denn für eine systemfreie Einheit hat der Kohärenzbegriff keinen Sinn.*
2. *Dieser Begriff ist nur auf abgeleitete Einheiten anwendbar.*

Beispiel:
Das Newton ist die kohärente abgeleitete Einheit der Kraft im Internationalen Einheitensystem (SI): $1\ N = 1\ m \cdot kg \cdot s^{-2}$.

4.6.6 Systemfremde Einheit – Unité de mesure hors-système – Unit of measurement outside the system – Unidad de medida fuera de sistema

Einheit, die nicht zu dem betrachteten Einheitensystem gehört.

Beispiel:

Die Kalorie, gleich 4,1868 *Joule, ist eine systemfremde Einheit für die Größe „Wärmemenge" in denjenigen Einheitensystemen, die das Meter, das Kilogramm, und die Sekunde als Basiseinheiten haben.*

4.6.7 Vielfaches oder Teil einer Einheit – Unité de mesure multiple (sous-multiple) – Multiple (sub-multiple) unit of measurement – Unidad de medida multiplo (submultiplo)

Einheit, die ein Vielfaches oder ein Teil einer Einheit ist und die nach einer für diese Einheit geltenden Staffelung gebildet ist.

Beispiele:

Ein dezimales Vielfaches des Meter ist das Kilometer (km) *und ein dezimaler Teil das Millimeter* (mm).

Ein nicht dezimales Vielfaches der Sekunde ist die Stunde.

4.7 Einheitensystem – Système d'unités de mesure – System of units of measurement – Sistema de unidades de medida

Die Gesamtheit der Basiseinheiten und abgeleiteten Einheiten, die einem bestimmten Größensystem zugeordnet ist.

Beispiel:

CGS-System, MKSA-System, Internationales Einheitensystem (SI).

4.7.1 Kohärentes Einheitensystem – Système cohérent d'unités de mesure – Coherent system of units of measurement – Sistema coherente de unidades de medida

Einheitensystem, das aus Basiseinheiten und kohärent abgeleiteten Einheiten besteht.

Bemerkung:

Bei Verwendung von Einheiten eines kohärenten Systems sind die Zahlenwertgleichungen wie Größengleichungen gebildet.

Beispiel:

Die Einheiten m, kg, s, m^2, m^3, Hz = s^{-1}, m · s^{-1}, m · s^{-2}, m^{-3} · kg, N = m · kg · s^{-2}, m^{-1} · kg · s^{-2}, J = m^2 · kg · s^{-2}, W = m^2 · kg · s^{-3} *bilden zusammen ein kohärentes Einheitensystem der Mechanik, das ein Teilsystem des Internationalen Einheitensystems (SI) ist.*

4.7.2 Dezimales metrisches System – Système métrique décimal – Decimal metric system – Sistema métrico decimal

Einheitensystem, das auf den internationalen Prototypen für das Meter und das Kilogramm sowie der dezimalen Teilung beruht.

Der Ausdruck „Metrisches System" ist nicht verbindlich festgelegt.

4.7.3 Internationales Einheitensystem (SI) – Systéme international d'unités (SI) – International system of units (SI) – Sistema internacional de unidades (SI)

Kohärentes Einheitensystem mit den folgenden sieben Basiseinheiten:

Das Meter für die Länge,
das Kilogramm für die Masse,
die Sekunde für die Zeit,
das Ampere für die elektrische Stromstärke,
das Kelvin für die thermodynamische Temperatur,
die Kandela für die Lichtstärke,
das Mol für die Stoffmenge,

das von der Generalkonferenz für Maß und Gewicht angenommen und empfohlen wird.

Die Definitionen der Basiseinheiten enthält z. B. DIN 1301 Einheiten Teil 1, 1978, Anhang A. Ausführliche Informationen über das Internationale Einheitensystem enthält die Veröffentlichung des Internationalen Büros für Maß und Gewicht: "Le Système International d'Unités". Die deutsche Übersetzung ist im Verlag Friedrich Vieweg & Sohn, Braunschweig 1977, erschienen.

Abschnitt 5 Messungen (Meßverfahren und Meßergebnisse)
Mesurages
Measurements
Mediciones

Grundbegriffe der Meßtechnik enthält DIN 1319

Teil 1 – Messen, Zählen, Prüfen, 1971
Teil 2 – Begriffe für die Anwendung von Meßgeräten, 1980
Teil 3 – Begriffe für die Unsicherheit beim Messen und für die Beurteilung von Meßgeräten, 1972

Für Teil 1 und Teil 3 sind Neufassungen in Vorbereitung.
Außerdem gibt es die VDI/VDE-Richtlinien Metrologie (Meßtechnik)
VDI/VDE 2600, November 1973 mit insgesamt 6 Blättern

Blatt 1 – Inhaltsverzeichnisse und Gesamtstichwortverzeichnis der Blätter 2 bis 6
Blatt 2 – Grundbegriffe
Blatt 3 – Gerätetechnische Begriffe
Blatt 4 – Begriffe zur Beschreibung der Eigenschaften von Meßeinrichtungen
Blatt 5 – Begriffe zur Darstellung der Wirkungsweise von Meßeinrichtungen
Blatt 6 – Benennung von Meßeinrichtungen.

Vorbemerkung – Préambule – Preamble – Preámbulo

Das Wort "mesure" hat im französischen Sprachgebrauch zahlreiche verschiedene Bedeutungen. In der Metrologie bedeutet es u. a. und je nach Anwendung:

einen Meßwert (die „Abmessung" einer Strecke beträgt 500 m),
ein Meßergebnis (auf *x* % angenäherter Wert),
eine Tätigkeit (Folge elektrischer Messungen),
ein Meßgerät (Hohlmaß).

Für die oben genannten Fälle sind auch folgende Ausdrücke verwendet worden:

Wert einer Meßgröße – Meßergebnis – Messung – Maßverkörperung. Wenn es jedoch erforderlich schien, das Wort "mesure" beizubehalten, ist es niemals allein benutzt worden, z. B. in: "unités de mesure" (Maßeinheiten) – "mesures matérialisées" (Maßverkörperungen) – "appareils de mesure" (Meßgeräte).

Soweit jedoch keine Verwechslung oder Doppelsinnigkeit möglich ist, kann zur Vereinfachung der Ausdruck "mesure" für ein Meßergebnis gebraucht werden.

Die Vorbemerkung bezieht sich auf die Vieldeutigkeit des französischen Wortes "mesure". Sie wurde der Vollständigkeit wegen mit übersetzt.

5.1 Messung – Mesurage – Measurement – Medición

Experimenteller Vorgang zum Zweck, den Wert einer Meßgröße zu bestimmen (4.2).

5.1.1 Meßprinzip – Principe de mesurage – Principle of measurement – Principio de medición

Physikalischer Effekt (Zusammenhang), der einer Messung zugrunde liegt.

Beispiele:

Der bei der Temperaturmessung angewandte thermoelektrische Effekt; Gleichgewicht der beiden angreifenden Kräfte bei gleicharmigen Waagen; der bei Durchflußmessungen benutzte Druckabfall.

5.1.2 Meßablauf – Processus de mesurage – Process of measurement – Proceso de medición

Folge der meßtechnischen Vorgänge, die für die Ausführung der Messung erforderlich sind.

Weder in DIN 1319 noch in VDI/VDE 2600 erwähnt.

Bemerkung:

Die Ausführungen des Meßablaufs schließen gegebenenfalls auch die Berechnung des Wertes der gemessenen Größe ein.

5.2 Meßverfahren – Méthode de mesurage – Method of measurement – Método de medición

Zur Messung benutzte Vergleichsmethode.

Beispiele:

Fundamentalmethode,
Vergleichs-Meßverfahren,
Messung durch Nullabgleich.

5.2.1 Direktes Meßverfahren – Méthode de mesurage direct – Direct method of measurement – Método de medición directa

Verfahren, bei dem der Wert einer Meßgröße unmittelbar erhalten wird, ohne daß zusätzliche Rechenoperationen notwendig sind, die auf einer funktionellen Abhängigkeit der Meßgröße von anderen – tatsächlich gemessenen – Größen beruhen.

Bemerkungen:

1. *Man betrachtet den Meßwert auch dann als direkt ermittelt, wenn die auf der Skale eines Meßgerätes angegebenen Werte mit Hilfe einer Tabelle oder einer graphischen Darstellung auf die entsprechenden Werte der zu messenden Größe bezogen sind.*

2. Die Meßmethode bleibt auch dann „direkt", wenn ergänzende Messungen zur Bestimmung der Einflußgrößen (4.1.2) und der daraus resultierenden Korrektionen vorgenommen werden müssen.

Beispiele:

Messung einer Masse auf einer selbsttätig einspielenden Waage oder auf einer gleicharmigen Balkenwaage, einer Länge mittels eines Strich- oder Endmaßes.

5.2.2 Indirektes Meßverfahren – Méthode de mesurage indirect – Indirect method of measurement – Método de medición indirecta

Verfahren, bei dem der Wert einer Größe durch unmittelbare Bestimmung anderer Größen erhalten wird, die jedoch in einem bekannten Abhängigkeitsverhältnis zu der zu messenden Größe stehen.

Beispiele:

Ermittlung der Dichte eines Körpers aus der Messung seiner Masse und seiner geometrischen Abmessungen. Bestimmung des spezifischen Widerstandes eines Leiters aus Messungen seines elektrischen Widerstandes, seiner Länge und seiner Querschnittsfläche.

5.2.2.1 Berührungsloses Meßverfahren – Méthode de mesurage sans contact – Method of measurement without contact – Método de medición sin contacto

Meßverfahren, bei denen der Meßwertaufnehmer nicht in Kontakt mit dem Gegenstand kommt, dessen Eigenschaften gemessen werden sollen.

Beispiel:

Strahlungspyrometer

5.2.2.2 Berührung erfordernde Meßverfahren – Méthode de mesurage par contact – Contact method of measurement – Método de medición por contacto

Meßverfahren, bei denen der Meßwertaufnehmer in direkten Kontakt mit dem Gegenstand kommt, dessen Eigenschaften gemessen werden sollen.

Beispiele:

Messung eines Durchmessers mit der Schieblehre.

5.2.3 Meßverfahren der serienweisen Kombination – Méthode de mesurage combinatoire en séries fermées – Closed-series combination method of measurement – Método de medición combinatoria en series cerradas

Meßverfahren, das darauf beruht, die Werte einer gewissen Anzahl zu messender Größen durch Auflösung eines Systems von Bestimmungsgleichungen zu ermitteln, die nach dem Ergebnis direkter oder indirekter Vergleichsmessungen aufgestellt worden sind.

Bei der Anwendung zur Bestimmung von Gewichtstücken wird diese Methode als „Ausgleichswägung" bezeichnet.

Beispiel:

Bestimmung der Masse jedes einzelnen Stückes eines Gewichtsatzes, wenn die Masse eines seiner Gewichtstücke und die Ergebnisse der Massenvergleiche der Gewichtstücke in ihren verschiedenen Kombinationsmöglichkeiten bekannt sind.

5.2.4 Fundamentalverfahren – Méthode de mesurage fondamental – Fundamental method of measurement – Método de medición fundamental

Meßverfahren, das auf der Messung von Basisgrößen beruht, die in die Definition der Meßgröße eingehen.

Bemerkung:

Diese Methode wird manchmal auch als „Absolutmethode" bezeichnet.

Beispiele:

Messung des Drucks mittels eines Kolbenmanometers, das auf der Definition des Druckes als Quotient aus Kraft und Fläche, auf die diese Kraft einwirkt, beruht;

Messung der Schwerebeschleunigung aus dem von einem Körper im freien Fall innerhalb einer vorgegebenen Zeit zurückgelegten Weg;

Messung des Druckes mit Hilfe eines U-förmigen Manometers, bei dem der Druck aus der Dichte, der Schwerebeschleunigung und der Länge abgeleitet wird – was wieder auf die Messung der Basisgrößen Länge, Masse und Zeit hinausläuft.

5.2.5 Vergleichsmeßverfahren – Méthode de mesurage par comparaison – Comparison method of measurement – Método de medición por comparación

Verfahren, das auf dem Vergleich des Wertes einer zu messenden Größe mit einem bekannten Wert derselben Größe oder einem bekannten Wert einer anderen von ihr funktionell abhängigen Größe beruht.

Bemerkungen:

1. *Eine Vergleichsmessung ist definitionsgemäß sowohl die Messung des Volumens einer Flüssigkeit mittels eines Hohlmaßes als auch die Messung eines Druckes mit Hilfe eines Federmanometers, bei dem der Druck ein elastisches Meßglied verformt.*
2. *Manchmal jedoch wird eine Messung nur dann als Vergleichsmessung angesehen, wenn sie zwischen zwei Größen derselben Art ausgeführt wird.*

5.2.5.1 Messung durch direkten Vergleich – Méthode de mesurage par comparaison directe – Direct comparison method of measurement – Método de medición por comparación directa

Vergleichsmeßverfahren, bei dem jeder Wert der zu messenden Größe mit einem bekannten Wert derselben Größe in Form einer Maßverkörperung bei der Messung verglichen wird.

Beispiele:

Messung einer Länge mittels eines Strichmaßstabes; Ermittlung des Volumens einer Flüssigkeit mit einem Hohlmaß; Bestimmung einer Masse auf einer gleicharmigen Waage durch Lastausgleich mit Gewichtstücken bekannter Masse.

5.2.5.1.1 Substitutions-Meßverfahren – Méthode de mesurage par substitution – Substitution method of measurement – Método de medición por substitución

Messung durch direkten Vergleich, bei der der Wert einer zu messenden Größe durch einen bekannten Wert derselben Größe ersetzt wird. Dieser Wert wird so gewählt, daß die Anzeige des Geräts in beiden Fällen übereinstimmt.

Beispiel:

Ermittlung einer Masse mittels einer Waage und geeichter Gewichtstücke nach der Methode der Substitution nach Borda (Bordasche Wägung).

5.2.5.1.2 Messung durch Vertauschen – Méthode de mesurage par transposition – Transposition method of measurement – Método de medición por transposición

Messung durch direkten Vergleich, bei der der Wert der Meßgröße durch Abgleich gegenüber einem bekannten Wert A derselben Größe ermittelt wird. Dann tritt die gemessene Größe an die Stelle dieses bekannten Wertes und wird erneut mit einem anderen bekannten Wert B abgeglichen. Wenn die Anzeige in beiden Fällen die gleiche ist, ist der Wert der gemessenen Größe gleich $\sqrt{A \cdot B}$.

Beispiel:
Bestimmung einer Masse mit einer Waage nach der Methode der „Doppelten Wägung" nach Gauß.

5.2.5.2 Differential-Meßverfahren – Méthode de mesurage différentiel – Differential method of measurement – Método de medición diferencial

Vergleichs-Meßverfahren, bei dem die zu messende Größe mit einer Größe gleicher Art mit bekanntem Wert und nur geringem Unterschied von der zu messenden Größe verglichen und der Differenzwert dieser beiden Größen bestimmt wird.

Beispiele:
Vergleich zweier Längen mit Hilfe eines Komparators; Vergleich zweier elektrischer Spannungen mittels eines Differential-Voltmeters.

5.2.5.2.1 Messung durch Nullabgleich – Méthode de mesurage par zéro – Null method of measurement – Método de medición por cero

Differential-Meßverfahren, bei dem die zu messende Größe mit bekannten Werten derselben Größe so abgeglichen wird, daß die Differenz dieser Werte auf Null verringert wird.

Bemerkung:
Die zu messende Größe kann durch eine Größe anderer Art ersetzt werden, die dann mit einer Größe ihrer Art verglichen wird.

Beispiele:
Bestimmung einer Masse durch Abgleich, bis die Endstellung der Waage die gleiche wie vor Aufsetzen der Masse ist; Bestimmung einer elektrischen Spannung mittels eines Kompensators; Messung eines elektrischen Widerstandes mit einer Wheatstoneschen Brücke und einem Null-Anzeigegerät.

5.2.5.2.2 Koinzidenzmeßverfahren – Méthode de mesurage par coïcidence – Coincidence method of measurement – Método de medición por coincidencia

Differential-Meßverfahren, bei dem ein nur sehr geringer Unterschied zwischen dem Wert der zu messenden Größe und dem bekannten Wert einer Größe gleicher Art verglichen und durch die Koinzidenz (Übereinstimmung) bestimmter Skalenteile oder Signale ermittelt wird.

Beispiele:
Zeitmessung durch Beobachtung der Koinzidenz eines Zeitsignals und einer Uhrenanzeige, Längenmessung an einem Objekt mittels einer Schieblehre mit Nonius.

5.2.5.3 Messung durch Auslenkung – Méthode de mesurage par déviation – Deflection method of measurement – Método de medición por desviación

Meßverfahren, bei dem der gemessene Wert durch die Auslenkung einer Anzeigeeinrichtung bestimmt wird.

Beispiele:

Druckmessung mit einem Zeigermanometer, Spannungsmessung mit einem Spiegelgalvanometer, Massebestimmung mit einer direkt anzeigenden Waage.

5.2.5.4 Messung durch Ergänzung – Méthode de mesurage par complément – Complementary method of measurement – Método de medición por complemento

Vergleichs-Meßverfahren, bei dem der Wert der zu messenden Größe durch einen bekannten Wert derselben Größenart so ergänzt wird, daß die Summe beider gleich einem vorher festgelegten Vergleichswert wird.

Beispiel:

Waage mit Schaltgewichten

5.2.5.5 Resonanz-Meßverfahren – Méthode de mesurage par résonance – Method of measurement by resonance – Método de medición por resonancia

Vergleichs-Meßverfahren, bei dem eine bekannte Beziehung zwischen den zu vergleichenden Werten einer gleichen Größenart besteht, die unter Resonanzbedingungen erreicht wird.

Beispiel:

Zungenfrequenzmesser, Resonatoren

5.2.5.6 Messung durch Interpolation – Méthode de mesurage par interpolation – Interpolation method of measurement – Método de medición por interpolación

Meßverfahren, bei dem der zu messende Wert bestimmt wird aufgrund einer Gesetzmäßigkeit für Zwischenwerte und bekannte Werte einer Größenart, wenn der Meßwert zwischen zwei bekannten Werten liegt.

5.2.5.7 Messung durch Extrapolation – Méthode de mesurage par extrapolation – Extrapolation method of measurement – Método de medición por extrapolación

Meßverfahren, bei dem der zu messende Wert bestimmt wird aufgrund einer Gesetzmäßigkeit für Zwischenwerte und bekannte Werte einer Größenart, wenn der zu bestimmende Meßwert außerhalb der bekannten Werte liegt.

5.2.6 Statische Messung – Mesurages statiques – Static measurements – Mediciones estaticas

Allgemeiner Ausdruck für Messungen, wo die Meßgröße als unabhängig von der Zeit angesehen werden kann.

5.2.7 Dynamische Messung – Mesurages dynamiques – Dynamic measurements – Mediciones dinámicas

Allgemeiner Ausdruck für Messungen zur Bestimmung von Augenblickswerten und der zeitlichen Änderungen von Größen.

5.3 Ausgabe eines Meßgerätes, Anzeige – Indication d'un instrument de mesurage – Indication of a measuring instrument – Indicación de un instrumento de medición

Der vom Meßgerät ausgegebene Wert der gemessenen Größe.

Bemerkungen:

1. *Der Begriff „Ausgabe eines Meßgerätes" bezieht sich auch auf Maßverkörperungen wie z. B. Gewichtstücke, Hohlmaße usw. ...; in diesen Fällen ist die „Ausgabe des Geräts" den Nennwert oder der Aufschriftwert der Maßverkörperung.*
2. *Die „Ausgabe" kann auch eine Abschätzung sein, die durch Interpolation (Zwischenwertbildung) aufgrund der Zeigerstellung zwischen zwei benachbarten Teilstrichen gewonnen wird.*
3. *Der Wert der Meßgröße kann direkt in Einheiten dieser Größe oder in bestimmten anderen Einheiten angezeigt werden. Im letzteren Fall muß die Ausgabe mit der Skalenkonstanten multipliziert werden.*

5.3.1 Gerätekonstante, Skalenkonstante – Constante d'un instrument de mesurage – Constant of a measuring instrument (instrument constant) – Constante de un instrumento de medición

Faktor, mit dem die Anzeige des Gerätes zu multiplizieren ist, um das Meßergebnis zu erhalten.

Der Begriff „Gerätekonstante“ wird bei Geräten ohne Skale (z. B. Kapillarviskosimeter) verwendet (DIN 1319, Teil 2).

Bemerkungen:

1. *Die Konstante eines Gerätes, das den Meßwert der zu messenden Größe direkt anzeigt, ist gleich eins.*
2. *Wenn die Skale des Meßgerätes auf keine bestimmte Einheit oder wenn sie auf eine andere Einheit als die für die zu messende Größe bezogen ist, ist die Konstante eine mit einer Einheit behaftete Zahl, wenn die Skale jedoch in Einheiten der zu messenden Größe geteilt ist, ist die Konstante eine reine Zahl.*
3. *Mehrbereichs-Meßgeräte mit einer einzigen Skale haben mehrere Konstanten, die z. B. den verschiedenen Stellungen des Meßbereichschalters entsprechen.*

5.3.2 Beobachtung (der Ausgabe) – Observation (de l'indication) – Observation (of the indication) – Observación (de la indicación)

Vorgang zur Feststellung des Meßwertes.

Bemerkung:

Das Ablesen der Anzeige ist nur eine Beobachtungsart unter verschiedenen Möglichkeiten – der Empfang eines akustischen Signals stellt eine andere Art dar.

5.3.3 Gesamt-Nennwert einer Maßverkörperung (Gesamt-Nennmaß) – Valeur nominale totale d'une mesure matérialisée – Total nominal value of a material measure – Valor nominal total de una medida materializada

Größtwert, der durch die Maßverkörperung reproduziert wird und der hierauf angegeben ist.

Bemerkungen:

1. *Siehe Punkt 5.3, Bemerkung 1.*
2. *Dieser Ausdruck bezieht sich auf Maßverkörperungen mit mehreren diskreten Werten wie auch auf Maßverkörperungen mit skalenförmiger Einteilung (6.1.1 Beispiel b und c der Bemerkung 4).*

Beispiel:

In einem „Meßzylinder mit Einteilung“ mit einem Fassungsvermögen von 100 cm^3 stellt das durch die 100-cm^3-Marke *bestimmte Volumen den Gesamt-Nennwert des Meßzylinders dar.*

5.3.4 Teil-Nennwert einer Maßverkörperung (Teil-Nennmaß) – Valeur nominale partielle d'une mesure matérialisée – Partial nominal value of a material measure – Valor nominal parcial de una medida materializada

Teilwert, der durch die Maßverkörperung reproduziert wird und auf diesem Maß angegeben ist.

Bemerkungen:
Dieselben wie zu 5.3.3.

Beispiel:
Im Beispiel von 5.3.3 stellt jedes beliebige durch einen Teilstrich begrenzte Volumen einen Teil-Nennwert des Meßzylinders dar – mit Ausnahme der 100-cm^3*-Marke.*

5.3.5 Konventionell richtiger Wert einer Maßverkörperung – Valeur conventionellement vraie d'une mesure matérialisée – Conventional true value of a material measure – Valor convencionalmente verdadero de una medida materializada

Der mit einem Meßgerät ermittelte Wert einer durch die Maßverkörperung reproduzierten Größe, wenn der Gesamtfehler der Messung praktisch vernachlässigt werden kann.

5.4 Meßergebnis – Résultat d'un mesurage – Result of a measurement – Resultado de una medición

Der aus den Messungen ermittelte Wert der Meßgröße.

Bemerkung:
Wenn eine Verwirrung oder Doppeldeutigkeit ausgeschlossen ist, kann man ein Meßergebnis als Messung bezeichnen (s. Vorbemerkung, die sich auf das französische Wort "mesure" bezieht).

5.4.1 Unkorrigiertes Meßergebnis, Meßwert – Résultat brut d'un mesurage – Uncorrected result of a measurement – Resultado indicado de una medición

Ergebnis vor Anbringen von Berichtigungen (Korrektionen) (8.1.1.1) und vor der Bestimmung der Meßunsicherheit (8.1.8.3 oder 8.1.8.4).

Bemerkung:
Nach einer Reihe von Messungen der gleichen Größe ist das Meßergebnis das arithmetische Mittel der unkorrigierten Meßergebnisse der Einzelmessungen.

Beispiele:
1. *Mittels einer Schieblehre wurde der Durchmesser eines Zylinders gemessen. Die auf dem Gerät abgelesene Anzeige von 14,7 mm stellt den Meßwert dar.*
2. *Wenn man bei einer Reihe von 10 Messungen des gleichen Zylinders die Zahlenwerte in der Einheit* mm 14,9; 14,6; 14,8; 14,6; 14,9; 14,7; 14,7; 14,9; 14,8 *erhält, so ist das Meßergebnis dieser Meßreihe*

$$d = (14{,}9 + 14{,}6 + \ldots + 14{,}8)\ \text{mm}/10 = 14{,}77\ \text{mm} \approx 14{,}8\ \text{mm}.$$

5.4.2 (Berichtigtes) Meßergebnis – Résultat corrigé d'un mesurage – Corrected result of a measurement – Resultado corregido de una medición

Es wird erhalten, wenn man am Meßwert die erforderlichen Korrektionen anbringt, um die systematischen Fehler der Messung zu berücksichtigen. Zu diesem Meßergebnis wird im allgemeinen die Meßunsicherheit angegeben.

Bemerkung:

Bei einer Reihe von Messungen der gleichen Größe ist das berichtigte Meßergebnis das arithmetische Mittel aus den Meßwerten der Einzelmessungen, an dem die erforderlichen Korrektionen angebracht sind und für das die Meßunsicherheit angegeben ist.

Beispiel:

Der Durchmesser eines Zylinders ist nur ein einziges Mal mit einer Schieblehre gemessen worden. Sie zeigte (als Meßwert) 14,7 mm *an. Mittels eines Normals ist vorab festgestellt worden, daß an den Resultaten eine Korrektion von* − 0,2 mm *anzubringen ist. Ferner hat man festgestellt, daß die Meßunsicherheit einer einzigen Messung* (8.1.8.3) *gleich* ± 0,35 mm *ist (mit einer Wahrscheinlichkeit von* 99,7 %).

Das berichtigte Ergebnis einer einzigen Messung ist also:

$$d = (14{,}7 - 0{,}2 \pm 0{,}35)\ \text{mm} = (14{,}5 \pm 0{,}35)\ \text{mm}$$

Für die Reihe von 10 Messungen des Beispiels 2 von Punkt 5.4.1 ist das berichtigte Ergebnis der Meßreihe also:

$$d = (14{,}77 - 0{,}2 \pm 0{,}35/\sqrt{10})\ \text{mm} \approx (14{,}57 \pm 0{,}11)\ \text{mm}.$$

5.4.3 Gewicht einer Messung – Poids d'un mesurage – Weight of a measurement – Peso de una medición

Beim Vergleich zwischen verschiedenen Meßergebnissen derselben Größe benutzte Zahl, die den „Grad des Vertrauens" in die eine oder andere Messung (die Bedeutung einer Messung im Vergleich zu anderen Messungen) ausdrückt.

5.4.4 Gewogenes Mittel – Moyenne pondérée – Weighted mean – Media ponderada

Arithmetisches Mittel einer Reihe von Meßergebnissen nach der Gewichtung der einzelnen Meßergebnisse:

Beispiel:

Die Ergebnisse von drei Messungen derselben Größe sind 10,4 mm; 10,6 mm; 10,1 mm. *Wenn man dem ersten Ergebnis den Vertrauensgrad mit dem Gewicht* 1 *gibt, dem zweiten das Gewicht* 2 *und dem dritten wiederum das Gewicht* 1, *so ist das gewogene Mittel*

$$= (10{,}4 \times 1 + 10{,}6 \times 2 + 10{,}1 \times 1)\ \text{mm}/4 = 10{,}42\ \text{mm}.$$

Wenn die Meßwerte (10,4 mm; 10,6 mm; 10,1 mm) nur auf die erste Stelle nach dem Komma genau sind, ist es nicht gerechtfertigt, das gewogene Mittel auf 2 Stellen hinter dem Komma anzugeben.

5.5 Wiederholbarkeit von Messungen – Répétabilité des mesurages – Repeatability of measurements – Repetibilidad de mediciones

Grad der Übereinstimmung von aufeinanderfolgenden Messungen derselben Größe, die nacheinander vom gleichen Beobachter im gleichen Laboratorium unter gleichen Bedingungen mit gleichen Verfahren und den gleichen Meßgeräten in genügend kurzen Zeitabständen ermittelt wurden.

Nach DIN 1319, Teil 3 erfolgt eine solche Messung unter Wiederholbedingungen.

Bemerkung:
Meistens bestimmt man die Wiederholbarkeit von Messungen aus der Meßunsicherheit (8.1.8.3 und 8.1.8.4). Je kleiner die Meßunsicherheit ist, umso besser ist die Wiederholbarkeit (um so weniger weichen die Meßergebnisse voneinander ab).

5.5.1 Vergleichbarkeit von Messungen – Reproductibilité des mesurages – Reproducibulity of measurements – Reproducibilidad de mediciones

Grad der Übereinstimmung in den Ergebnissen der Messungen derselben Größe für den Fall, in dem die einzelnen Messungen

- nach verschiedenen Verfahren,
- mittels verschiedener Meßgeräte,
- durch verschiedene Beobachter (Auswerter),
- in verschiedenen Laboratorien,
- nach – auf die Dauer einer einzelnen Messung bezogen – ausreichend langen Zeitintervallen,
- unter verschiedenen Anwendungsbedingungen

ausgeführt wurden.

Nach DIN 1319, Teil 3 liegen Vergleichsbedingungen vor, wenn verschiedene Beobachter nach einem festgelegten Verfahren am selben Meßobjekt unter verschiedenen Versuchsbedingungen (verschiedene Meßgeräte, verschiedene Zeiten, verschiedene Untersuchungsorte oder Laboratorien) Messungen durchführen.

Bemerkungen:

1. *Man spricht auch dann von Vergleichbarkeit, wenn nur einige der oben aufgeführten Bedingungen bei den verschiedenen Einzelmessungen unterschiedlich sind. Die geänderten Bedingungen müssen jedoch in jedem einzelnen Fall genau angegeben werden.*
2. *Meistens schätzt man die Vergleichbarkeit der Messungen aus der Meßunsicherheit ab. Wegen der sehr großen Anzahl von zufälligen Fehlerquellen ist diese Unsicherheit im allgemeinen viel größer als die Unsicherheit bei Messungen unter Wiederholbedingungen.*
3. *Die einzelnen Meßergebnisse müssen hinsichtlich der systematischen Fehler berichtigt sein.*

Abschnitt 6 Meßgeräte und ihre Klassifizierung
Instruments de mesurage et leur classification
Measuring instruments and their classification
Instrumentos de medición y su clasificación

6.1 Meßgeräte, Meßeinrichtungen, Meßmittel – Instruments de mesurage – Measuring instruments – Instrumentos de medición

Zur Ausführung von Messungen bestimmte technische Einrichtungen, die sowohl die Maßverkörperungen (passiven) als auch die (aktiven) Meßgeräte umfassen.

"Instruments de Mesurage" wird als Oberbegriff für Maßverkörperungen und Meßgeräte verwendet. Während "Mesure matérialisée" durch „Maßverkörperung" wiedergegeben wird, kann "Appareil mesureur" mit Meßgerät, Meßeinrichtung oder Meßmittel übersetzt werden. Als Oberbegriff für Meßgerät und Maßverkörperung bietet sich die Bezeichnung Meßmittel an.
(S. a. DIN 1319, Grundbegriffe der Meßtechnik, Teil 2, Begriffe für die Anwendung von Meßgeräten 1980, und VDI/VDE 2600 Teil 3, Metrologie, Gerätetechnische Begriffe, November 1973, nach der die Meßeinrichtung der Oberbegriff ist.
Nur im Grenzfall besteht nach dieser Definition eine Meßeinrichtung aus einem Meßgerät (Beispiel: Flüssigkeits-Glasthermometer, Manometer, Spannungsmesser)).
Nur die englische Version des Vocabulaire bezeichnet die Maßverkörperungen als passive Meßgeräte und die anderen als aktive. Diese Bezeichnungsweise gibt es im deutschen Sprachgebrauch nicht, verdeutlicht aber treffend den Unterschied zwischen Maßverkörperung und Meßgerät.

Bemerkungen:

1. *Manchmal werden die Meßumformer, die eigentlich eine ganz selbständige Geräteart bilden, mit zu den Meßgeräten gerechnet.*
2. *Meßgeräte, Meßumformer und Hilfsmeßeinrichtungen werden häufig unter dem Begriff „Meßmittel" zusammengefaßt.*

6.1.1 Maßverkörperung – Mesure matérialisée – Material measure ("passive" measuring instrument) – Medida materializada

Meßgerät, das bei seiner Anwendung ständig einen oder mehrere bekannte Werte einer gegebenen Größe wiedergibt.

Beispiele:

Gewichtstück, Volumenmaß (mit einem oder mehreren Werten, mit oder ohne Skale), Maßstab (mit einem oder mehreren Werten, mit oder ohne Skale), elektrischer Widerstand, Kondensator, Induktionsspule, Endmaß, Kaliberdorn zur Prüfung von Zylinderdurchmessern.

Ein U-Rohr-Manometer, ein Flüssigkeitsthermometer, eine Schieblehre, Kolbenmeßpumpen für Kraftstoff, stellen keine Maßverkörperungen dar, obwohl einige dieser Geräte ein solches Maß in ihrem Meßmechanismus enthalten können.

Bemerkungen:

1. *Die Maßverkörperung dient zur Ausführung von Messungen mit oder ohne Hilfe eines anderen Meßgerätes. Manche dieser Maße geben nur den Wert einer Größe wieder. Um mit ihnen eine Messung vorzunehmen, ist außerdem noch ein Meßgerät erforderlich (z. B. läßt sich mit Gewichten eine Messung nur unter Zuhilfenahme einer Waage vornehmen).*

   Die Maße dieser ersten Art werden „nichtselbständige Maßverkörperungen" genannt. Die anderen Maßverkörperungen haben zu gleicher Zeit zwei Funktionen. Sie stellen sozusagen einmal den Wert einer Größe dar und ermöglichen zum anderen die Durchführung von Messungen ohne Einsatz weiterer Meßgeräte (Beispiele: Maßstäbe, Volumenmaße).

   Die Maße der zweiten Art bezeichnet man als „selbständige Maßverkörperungen".
2. *Das Wesentliche bei der Maßverkörperung ist, daß sie im allgemeinen keinen Ausgeber im Sinne einer beweglichen Marke oder einer Ziffernanzeige hat. In bestimmten Fällen kann der Ausgeber zu dem Gerät gehören, das in Verbindung mit dem entsprechenden Maß zum Messen dient (z. B. die Waage mit Hilfe des Gewichts). Er kann aber auch durch den zu messenden Körper selbst dargestellt werden (z. B. durch den Meniskus einer Flüssigkeit im Hals eines Volumenmaßes, das eine Einteilung hat).*
3. *Eine weitere Eigenschaft einer Maßverkörperung ist, daß sie im allgemeinen keine Elemente enthalten, die sich bei der Messung bewegen.*
4. *Eine Maßverkörperung kann einen einzigen Wert der Größe wiedergeben (Maßverkörperung eines Werts), sie kann jedoch auch mehrere verschiedene Werte wiedergeben (Maßverkörperung mehrerer verschiedener Werte) und schließlich auch Werte dieser Größe in einem kontinuierlichen Bereich reproduzieren (skalierte Maßverkörperungen).*

   Zu den Maßverkörperungen mit mehreren verschiedenen Werten rechnet man nur solche, bei denen keine Interpolation zwischen den Teilwerten möglich ist.

   Beispiele zu Anmerkung 4:

   a) Maßverkörperung mit einem Wert:
      Endmaß; elektrischer Fest-Widerstand;

   b) Maßverkörperung mit mehreren verschiedenen Werten:
      Lehrdorn für die beiden Grenzwerte einer Abmessung.

   c) Maßverkörperungen mit Einteilung:
      Strichmaßstab – graduierte Pipette.
5. *Die Maßverkörperungen können die Werte der von ihnen verkörperten Größen mit unterschiedlicher, jedoch stets bekannter Genauigkeit reproduzieren.*

6.1.2 Meßgerät – Appareil mesureur – Measuring instrument ("active") – Aparato medidor

Gerät, das die zu messende oder eine mit ihr gekoppelte Größe in eine Anzeige oder eine gleichwertige Information umwandelt.

S. a. 6.1.

Beispiele:

Schieblehre – Strommesser – Manometer – Thermometer – Pendeluhr – Interferometer – Wasserzähler – Waage.

Bemerkungen:

1. Das Meßgerät kann:
   - *entweder den Wert der gemessenen Größe direkt anzeigen: „Gerät mit direkter Ablesung" (z. B.: Amperemeter, Federmanometer ...),*
   - *oder auch die Gleichheit des Wertes der gemessenen Größe mit einem bekannten Wert derselben Größe anzeigen: „Vergleichs-Meßgerät" (z. B. einfache Balkenwaage, Null-Galvanometer),*
   - *oder die Messung einer kleinen Differenz zwischen der zu messenden Größe und einem bekannten Wert derselben Größe gestatten: „Differential-Meßgerät" (z. B. Optische Anzeige eines Komparators bei Längenmessungen ...).*

2. Die meisten Meßgeräte bestehen aus einer Meßkette, in der die Umwandlung der zu messenden Größe in eine durch den Beobachter wahrnehmbare Größe (Länge, Winkel, Ton, Lichtkontraste ...) geschieht.

3. Das Meßgerät kann Elemente mit zusätzlichen Funktionen oder auch andere Zubehörteile haben (z. B.: Automatische Regelung, Meßwertübertragung, Dosierung, Sortierung, Ausgabe von Codesignalen ...).

4. Für Meßgeräte, die zum Messen bestimmter definierter Größen vorgesehen sind, benutzt man anstelle der allgemeinen Bezeichnung „Meßgerät" Spezialausdrücke:
   - *die einen lassen die Benennung dieser Größen oder den Namen der benützten Einheiten erkennen (z. B.: Manometer, Thermometer, Planimeter, Voltmeter),*
   - *andere bezeichnen das angewandte Meßprinzip (z. B. Komparator) oder die für das Meßgerät bestimmte Verwendung (z. B. Dosimeter),*
   - *weitere verwenden den Namen des Erfinders bzw. Konstrukteurs (z. B.: Roberval- oder Béranger-Waage, Pitot-Rohr, Venturidüse, Geiger-Müller-Zähler),*
   - *wieder andere tragen eine von Herstellern gewählte Handelsbezeichnung (z. B. Rotameter).*

6.1.2.1 Anzeigendes Meßgerät – Appareil mesureur indicateur – Indicating (measuring) instrument – Aparato medidor indicador

Meßgerät, das den Wert einer gemessenen Größe durch eine einfache Anzeige (ohne sie zu drucken oder zu registrieren) wiedergibt.

Bemerkungen:

1. Die Anzeigeeinrichtung kann kontinuierlich (analog) oder auch diskontinuierlich (digital) arbeiten.

2. Im Gegensatz zum anzeigenden Meßgerät gibt das integrierende oder das summierende Meßgerät den Wert einer gemessenen Größe durch die Differenz von zwei Anzeigen (zu verschiedenen Zeiten) an.

3. *Wenn das „anzeigende Meßgerät" nicht mit einer einfachen Anzeigeeinrichtung zu verwechseln ist, kann auch der abgekürzte Ausdruck „Anzeigendes Gerät" verwendet werden.*

Beispiele:

Schieblehre, Amperemeter, Manometer.

6.1.2.1.1 Meßgerät mit Schwingungsdämpfung – Appareil mesureur oscillant amorti – Damped out oscillating measuring instrument – Aparato medidor oscilante amortiguada

Meßgerät, dessen beweglicher Teil seine Gleichgewichtslage nach einigen Schwingungen mit gedämpfter Amplitude um diese Lage einnimmt.

6.1.2.1.2 Aperiodisch gedämpftes Meßgerät – Appareil mesureur apériodique – Aperiodic measuring instrument – Aparato medidor aperiódico

Meßgerät, dessen beweglicher Teil die Gleichgewichtslage ohne Schwingungen um diese Position einnimmt.

6.1.2.2 Integrierendes Meßgerät – Appareil mesureur intégrateur – Integrating (measuring) instrument – Aparato medidor integrador

Meßgerät, das den Wert einer Größe durch Integrieren bestimmt.

Bemerkungen:

1. *Die Aufsummierung von hinreichend kleinen Werten der Meßgröße ist mit einer Integration vergleichbar.*
2. *Die Anzeigeeinrichtung eines integrierenden Meßgerätes darf Bauelemente haben, die eine Rückstellung auf „Null" ermöglichen.*

Beispiele:

Flüssigkeits- oder Gaszähler, Elektrizitätszähler, Planimeter, Flächenmeßmaschine, kontinuierlich arbeitende Förderbandwaage.

6.1.2.3 Zähler – Compteur – Integrating meter – Contador (medidor)

Integrierendes Gerät, das fortlaufend die innerhalb einer gewissen Zeit aufsummierten Werte der gemessenen Größe angibt.

Bemerkung:

Bei der Anzeigeeinrichtung eines „stufenlosen" Zählers bewegt sich gewöhnlich das erste bewegliche Glied (Scheibe, bezifferte Rolle) mit dem kleinsten Skalenwert im Ver-

lauf der Messung auf kontinuierliche Weise. Jedoch ist diese Kontinuität der Bewegung an den Anzeigeeinrichtungen gewisser integrierender Meßgeräte nicht immer vorhanden, z. B. bei manchen Wärmemengenzählern oder bei Flügelradzählern für Flüssigkeiten, deren Anzeigeeinrichtung durch Impulse betätigt wird.

Beispiel:

Ein Integrimeter, das laufend die Werte des Flächeninhalts einer graphischen Darstellung addiert, wenn man der Begrenzungskurve mit dem Stift folgt, stellt einen „stufenlosen" Zähler dar. Jedoch ist ein Planimeter, das den Wert der Fläche eines geschlossenen Kurvenzuges wiedergibt, nachdem es diese Kurve vollkommen umfahren hat, ein Integrator aber kein Zähler.

6.1.2.4 Summierendes Meßgerät – Appareil mesureur totalisateur – Totalizing (measuring) instrument – Aparato medidor totalizador

Meßgerät, das den Wert einer Größe dadurch bestimmt, daß es die Summe der gemessenen Teilwerte bildet. Wenn ein summierendes Meßgerät dazu dient, Stoff- oder Energiemengen abzuteilen, die während einer Meßreihe konstant und stets das Vielfache einer definierten Menge sind, so wird es Portionierungsgerät genannt.

Bemerkung:

Die Anzeigeeinrichtung eines summierenden Meßgeräts darf so beschaffen sein, daß eine Rückstellung auf „Null" möglich ist (7.7).

Beispiel:

Meßwerkzeug für Teibstoff mit ein oder zwei Maßbehältern.

6.1.2.5 Meßgerät mit Mengeneinstellung – Appareil mesureur prédéterminateur – Pre-setting (measuring) instrument – Aparato medidor predeterminador

Stetig oder diskontinuierlich arbeitendes Meßgerät mit oder ohne Anzeigeeinrichtung, das die Messung selbsttätig unterbricht, sobald ein vorher eingestellter Wert erreicht ist.

Beispiel:

Treibstoffzähler mit Mengeneinstellwerk.

6.1.2.5.1 Arretierbares Meßgerät – Appareil mesureur à blocage – Locking measuring instrument – Aparato medidor con sistema de bloqueo

Meßgerät, dessen bewegliche Teile arretiert werden können.

Bemerkung:

Man arretiert die beweglichen Teile im allgemeinen in vorgegebenen Stellungen.

6.1.2.5.2 Meßgerät mit Anschlag – Appareil mesureur à butée(s) – Measuring instrument with stop(s) – Aparato medidor con tope(s)

Meßgerät, dessen bewegliches Teil durch einen oder mehrere Anschläge in entsprechender Position in der Bewegung begrenzt wird.

6.1.2.5.3 Meßgerät mit Momentanwertanzeige – Appareil mesureur à maintien d'indication – Measuring instrument with retained indication – Aparato medidor con retención de la indicación

Meßgerät, das eine momentane Anzeige (d. h. den Augenblickswert einer Größe) selbst dann halten kann, wenn der Wert der Größe mit der Zeit variiert.

6.1.2.6 Dosierendes Meßgerät – Appareil mesureur conditionneur – Automatic filling (dispensing) instrument – Aparato medidor dosificador

Stetig oder diskontinuierlich arbeitendes Meßgerät, das selbsttätig und periodisch vorbestimmte Mengen eines Produktes liefert.

6.1.2.7 Registrierendes Meßgerät – Appareil mesureur enregistreur – Recording (measuring) instrument – Aparato medidor registrador

Gerät, das die ermittelten Anzeigen oder Informationen für eine oder mehrere gemessene Größen auf einer Registriereinrichtung aufzeichnet. Die Registrierung kann sowohl in Kurvenform (stetig oder springend) als auch in Zahlenwerten vorgenommen sein.

Bemerkungen:

1. *Sofern das registrierende Meßgerät nicht mit einem einfachen „Schreiber" verwechselt werden kann, darf es mit Registriergerät bezeichnet werden.*
2. *Die registrierenden Meßgeräte für bestimmte Größen werden dadurch gekennzeichnet, daß man dem entsprechenden Meßgerät das Wort „registrierend" zufügt (z. B. registrierender Spannungsmesser, registrierendes Manometer) oder die Nachsilbe „graph" mit der gemessenen Größenart verbindet (z. B. Thermograph, Barograph).*
3. *Die Registrierung erfolgt i. allg. als Funktion einer anderen Größe (in den meisten Fällen als Funktion der Zeit), aber sie kann auch einfach darin bestehen, die aufeinanderfolgenden gemessenen Werte zu registrieren.*

6.1.2.8 Meßgerät mit beweglichem Zeiger – Appareil mesureur à index mobile – Measuring instrument with moving index – Aparato medidor con indice móvil

Meßgerät, bei dem die Meßwerte durch die Position eines beweglichen Zeigers von einer festen Skale angezeigt werden.

6.1.2.8.1 Meßgerät mit Lichtzeiger – Appareil mesureur à index lumineux – Measuring instrument with luminous index – Aparato medidor con índice luminoso

Meßgerät, bei dem die Meßwerte durch die Position eines Lichtzeigers auf einer Skale angezeigt werden, die Teil des Gerätes ist oder nicht.

6.1.2.8.2 Meßgerät mit Spiegel – Appareil mesureur à miroir – Measuring instrument with mirror – Aparato medidor con espejo

Meßgerät, bei dem die Meßwerte durch die Position eines Lichtstrahls angezeigt werden, der an einem fest am beweglichen Teil des Meßgerätes montierten Spiegel reflektiert wird.

6.1.2.9 Meßgerät mit Projektions-Skale – Appareil mesureur à échelle projetée – Measuring instrument with projected scale – Aparato medidor con escala proyectada

Meßgerät, dessen fest mit dem beweglichen Teil verbundene Skale auf einen Schirm mit einem festen Zeiger projiziert wird.

6.1.2.10 Analog-Meßgerät – Appareil mesureur analogique – Analogue measuring instrument – Aparato medidor analógico

Meßgerät, dessen Anzeige eine kontinuierliche Funktion der Variationen des Wertes der zu messenden Größe ist.

6.1.2.11 Digital-Meßgerät – Appareil mesureur discontinu – Discontinuous measuring instrument – Aparato medidor discontinuo

Meßgerät, dessen Anzeige eine diskontinuierliche Funktion der Variationen des Wertes der zu messenden Größe ist.

Bemerkung:

Es kann ausgeführt sein entweder mit einem Zeiger, der sich diskontinuierlich vor einer Skale bewegt oder mit einer Ziffernanzeige.

6.1.3 Gebrauchsmeßgerät – Instrument de mesurage usuel – Ordinary measuring instrument – Instrumento usual de medición

Für übliche Messungen (aber nicht für die Eichung anderer Meßgeräte) vorgesehenes Meßgerät.

Beispiele:

Einfacher Kaliberdorn für die Kontrolle geometrischer Abmessungen, Handelswaage, Elektrizitätszähler, Werkstoffprüfmaschinen, Meßgeräte zur Kontrolle eines Fertigungsprozesses.

6.1.4 Eichfähiges Meßgerät – Instrument de mesurage admissible à la vérification – Measuring instrument acceptable for verification – Instrumento de medición admisible para la verificación

Meßgerät, das einer zugelassenen Bauart nach 2.2.1 oder 2.2.2 entspricht oder das gemäß 2.2.3 zur Eichung zugelassen ist.

6.1.5 Im eichpflichtigen Verkehr benutzbares Meßgerät, geeichtes Meßgerät – Instrument de mesurage légal – Legal measuring instrument – Instrumento de medición legal

Meßgerät, das in allen Bedingungen den festgelegten Vorschriften entspricht.

6.1.6 Hilfsmeßgerät – Instrument de mesurage auxilaire – Auxiliary (measuring) instrument – Instrumento auxiliar de medición

Gerät, das die Einflußgrößen oder auch die Größen mißt, die die meßtechnischen Eigenschaften eines Meßgeräts während seines Gebrauches oder seiner Prüfung bestimmen.

Beispiele:

Thermometer zur Messung der Temperatur eines Gases oder der Umgebungstemperaturen während gleichzeitig das Gasvolumen gemessen wird; Differential-Manometer, das den Druckverlust in einem Wasserzähler mißt; Libelle zur Einstellung der Horizontalität einer Waage; Berichtigungsgewichte zur Justierung von Waagen; Chronometer zur Kontrolle der Durchflußstärke an einem Flüssigkeitszähler.

6.1.7 Meßumformer – Transducteur de mesurage – Measuring transducer – Transductor de medición

Gerät, das zum Umformen der gemessenen Größe (oder auch einer bereits umgeformten Größe) in eine andere Größe oder in einen anderen Wert derselben Größe nach einer bekannten Gesetzmäßigkeit mit einer angegebenen Genauigkeit dient und als eine besondere Geräteart angesehen werden kann.

Diesen Begriff enthält DIN 1319 nicht. In VDI/VDE 2600, Teil 3 Begriffe der Meßtechnik, November 1973 ist der Begriff Anpasser (Adaptateur, Adapter) in allgemeiner Form definiert und Meßumformer nur als spezielles Beispiel angeführt.

Bemerkung:
Man benutzt auch die Bezeichnung Anpasser.

Beispiele:
Thermoelemente (mit Schutzrohr, Spitze und anderen Zusatzelementen), Meßwandler, austauschbarer Widerstand für ein Amperemeter.

6.1.8 Indikator – Détecteur – Detector – Detector

Instrument oder Substanz zum Nachweis einer Größe. In bestimmten Fällen kann der Indikator eine grobe Abschätzung des Wertes der Größe liefern.

Beispiele:
Lackmuspapier, Elektroskop, temperaturempfindliche Anstriche.

6.1.9 Lehre – Instrument vérificateur – Verifying instrument – Instrumento verificador

Instrument, mit dessen Hilfe festgestellt werden kann, ob der Wert einer Größe innerhalb vorgegebener Grenzen liegt.

Beispiel:
Rachenlehre.

6.2 Zusatzeinrichtung – Dispositif auxiliaire de mesurage – auxiliary measuring device – Dispositivo auxiliar de medición

Einrichtung, die selbst kein Meßgerät ist, jedoch dazu dient, die Meß- oder Einflußgrößen bei entsprechenden Werten festzuhalten, oder den Meßvorgang zu erleichtern, oder die Empfindlichkeit oder den Meßbereich eines Meßgerätes zu variieren.

Bemerkung:
Die Zusatzeinrichtung kann sowohl Bestandteil als auch ein vom Meßgerät getrenntes Element sein.

Beispiele:
Verstärker, Lupe zum Ablesen der Anzeige, Thermostat zum Eichen der Thermometer, Gasabscheider, Durchflußbegrenzer einer Meßeinrichtung mit Flüssigkeitszähler.

6.3 Meßapparatur, Meßanlage – Installation de mesurage – Measuring apparatus – Instalación de medición

Gesamtheit technischer Mittel, die dafür vorgesehen ist, eine bestimmte Meßaufgabe zu lösen. Sie umfaßt alle erforderlichen Meßgeräte und Hilfseinrichtungen, die nach einem bestimmten Schema zur Anwendung einer gegebenen Meßmethode zusammengefaßt wurden.

Beispiele:

Einrichtung zum Messen der Durchschlagsfestigkeit elektrotechnischer Werkstoffe, Meßanlage zur Volumenmessung von Treibstoffen und Mineralölen mit Durchflußzählern.

6.3.1 Meßausrüstung – Équipement de mesurage – Measuring installation – Equipamiento de medición

Gesamtheit von Meßeinrichtungen für die Messung von Größen einer oder mehrerer Arten.

Bemerkung:

Während eine Meßapparatur aus den erforderlichen Mitteln für eine bestimmte Messung besteht, bildet die Meßausrüstung einen Komplex von Meßgeräten oder Meßeinrichtungen, der die Durchführung verschiedener Messungen ermöglicht.

Beispiel:

Die Meßausrüstung eines Eichamts umfaßt Längen-, Volumen- und Gewichtsnormale, Wägeeinrichtungen usw.

6.3.2 Kalibrierstelle – Station d'étalonnage – Calibration station – Estación de contraste

Einrichtung zum Kalibrieren (oder Eichen) eines Meßgerätes unter definierten Bedingungen, die den vorgesehenen Gebrauchsbedingungen dieses Meßgerätes entsprechen.

6.4 Normal; Normalgerät – Étalon – Standard – Patrón

Meßmittel zur Darstellung oder Verkörperung, Bewahrung oder Weitergabe der physikalischen Einheit einer Größenart (oder eines Vielfachen oder eines Teils dieser Einheit), um diese durch Vergleich auf andere Meßmittel zu übertragen.

6.4.1 Normalverfahren – Méthode étalon – Reference-value method – Método patrón

Verfahren zur Darstellung der Einheit ohne ein besonderes Hauptnormal, sei es durch gewisse Eigenschaften eines Gegenstandes, sei es mit Hilfe von physikalischen Konstanten.

Beispiele:

Normalverfahren zur Darstellung des Meters durch Lichtwellenlängen, Normalverfahren zur Darstellung der Temperaturskala mit Hilfe von Fixpunkten, Normalverfahren zur Darstellung von Zeit und Frequenz aufgrund astronomischer Beobachtungen, Normalverfahren zur Darstellung der Einheit der Dichte durch eine Flüssigkeit.

6.4.2 Einzelnormal – Étalon individuel – Individual standard – Patrón individual

Meßmittel, das für sich allein geeignet ist, die Aufgabe eines Normals zu erfüllen.

Beispiele:

Kilogramm-Normal aus Platin-Iridium (Kopie des Internationalen Urnormals), Kilogramm-Normal aus Gußeisen zur Eichung der Handelsgewichte, Endmaß, Interferometrisches Normal, Normalmanometer, Normalelement.

6.4.3 Gruppennormal – Étalon collectif – Collective standard – Patrón colectivo

Gruppe von Meßmitteln gleichen Typs und gleicher meßtechnischer Merkmale, die gemeinsam die Aufgabe eines Normals erfüllen. Der Wert des Gruppenormals ist das gewogene arithmetische Mittel der von den verschiedenen Meßmitteln gelieferten Einzelwerte.

Beispiele:

Gruppennormal für Härtemessungen, das sich aus einer Gruppe von Härteprüfplatten zusammensetzt; Gruppennormal für Druckmessungen, das von einer Gruppe von Kolbenmanometern verkörpert wird; Gruppennormal für Leuchtdichtemessungen, das von einer bestimmten Anzahl von Normallampen gebildet wird.

6.4.3.1 Internationales Gruppennormal – Étalon collectif international – International collective standard – Patrón colectivo internacional

Gruppennormal, das im internationalen Rahmen als internationales Normal anerkannt wird.

Beispiel:

Photometrisches Normal.

6.4.4 Hauptnormal; primäres Normal – Étalon primaire – Primary standard – Patrón primario

Dieses auf eine bestimmte Größe bezogene Normal hat für sein Anwendungsgebiet die höchste Genauigkeitsstufe.

Hauptnormale der Bundesrepublik Deutschland besitzt die Physikalisch-Technische Bundesanstalt.

Bemerkungen:

1. *Ein Hauptnormal kann für Basiseinheiten wie auch für abgeleitete Einheiten maßgebend sein.*
2. *Das Hauptnormal wird – außer der Vergleichsmessung mit Bezugs- und Kontrollnormalen – niemals unmittelbar für Messungen benutzt.*

6.4.5 Weiteres Hauptnormal; Ersatz-Hauptnormal – Étalon-témoin – Duplicate (reserve) standard – Patrón testigo

Normal, das zur Kontrolle der Unveränderlichkeit des Hauptnormals dient oder dieses ersetzen kann, falls es beschädigt wird oder verloren gehen sollte.

Bemerkung:

Dieses Normal wird niemals bei praktischen meßtechnischen Aufgaben benutzt, auch nicht für den laufenden Anschluß anderer Normale.

6.4.6 Sekundärnormal, Bezugsnormal – Étalon secondaire – Secondary standard – Patrón secundario

Normal, dessen Wert durch direkten oder indirekten Vergleich mit einem Hauptnormal oder durch ein Normalverfahren ermittelt wird.

Bezugsnormale sind die höchsten Normale der Landeseichdirektionen. Sie werden in der Regel im Abstand von 10 Jahren von der Physikalisch-Technischen Bundesanstalt geprüft.

6.4.7 Kontrollnormal – Étalon de référence – Reference standard – Patrón de referencia

Normal, mit dem die Normale einer noch niedrigeren Genauigkeitsklasse vergleichen werden.

Kontrollnormale werden zum Prüfen von Gebrauchsnormalen verwendet. Die Kontrollnormale selbst werden durch Vergleich mit den Bezugsnormalen geprüft.

6.4.8 Gebrauchsnormal – Étalon de travail – Working standard – Patrón de trabajo

Durch Vergleich mit einem Kontrollnormal kalibriertes Normal, das wiederum selbst zur Eichung von gewöhnlichen Meßgeräten geringerer Genauigkeit dient.

6.4.9 Internationales Normal (Urnormal) – Étalon international – International standard – Patrón internacional

Normal, das durch internationale Übereinkunft als Basis zur Festlegung der Werte aller anderen entsprechenden Normale der gegebenen Größe anerkannt worden ist.

Die internationalen Normale werden im Internationalen Büro für Maß und Gewicht in Sèvres bei Paris aufbewahrt.

6.4.10 Nationales Normal – Étalon national – National standard – Patrón nacional

National anerkanntes Normal, das in diesem Land als Basis zur Festlegung der Werte aller anderen entsprechenden Normale der gegebenen Größe dient.

Die nationalen Normale werden auch als Hauptnormale (s. b. 4.4) bezeichnet. Entscheidend für die Wahl der Bezeichnung nach 6.4.10 oder 6.4.4 ist, ob zwischen nationalen oder internationalen Normalen unterschieden werden soll oder ob das höchste (national verfügbare) Normale benannt werden soll.

6.4.11 Prototyp (Internationaler, Nationaler) – Prototype international (national) – Internationale (national) Prototype – Prototipo internacional (nacional)

Alte Bezeichnung der internationalen oder nationalen Normale der Länge und der Masse im dezimalen „metrischen" Einheitensystem: Internationaler Meterprototyp, internationaler Prototyp des Kilogramms.

Bemerkung:
Der Ausdruck „Prototyp" im hier aufgeführten Sinn hat allein historischen Wert und sollte in verbindlichen Schriftstücken über Normale nicht mehr benutzt werden.

6.4.12 Vergleichs-Normal – Étalon de comparaison – Comparison standard – Patrón de comparación

Normal für den Vergleich von Normalen derselben Genauigkeitsklasse unter sich.

6.4.13 Zwischen-Normal – Étalon-médiat – Mediate standard – Patrón mediato

Sekundärnormal für den Vergleich von Normalen, wenn diese nicht direkt untereinander verglichen werden können.

6.4.14 Reihennormale – Série d'étalons – Series of standards – Serie de patrones

So gewählte Reihe von Normalen, daß jedes einzelne nur einen Teil des Größenbereiches abdeckt, der insgesamt darzustellen ist.

6.5 Schema einer Rangfolge von Meßgeräten – Schéma d'une hiérarchie des instruments de mesurage – Block diagram of a hierarchy of measuring instruments – Esquema de una jerarquía de instrumentos de medición

Ein solches Schema stellt die Rangfolge der Meßgeräte zur Messung einer bestimmten Größe dar und folgt der Genauigkeitsstufung und dem Übertragungsweg der physikalischen Einheit dieser Größe.

Beispiel:

Das abgebildete Schema ist ein Beispiel für die Gliederung der Kontroll- und Gebrauchsnormale für verschiedene Genauigkeitsklassen.

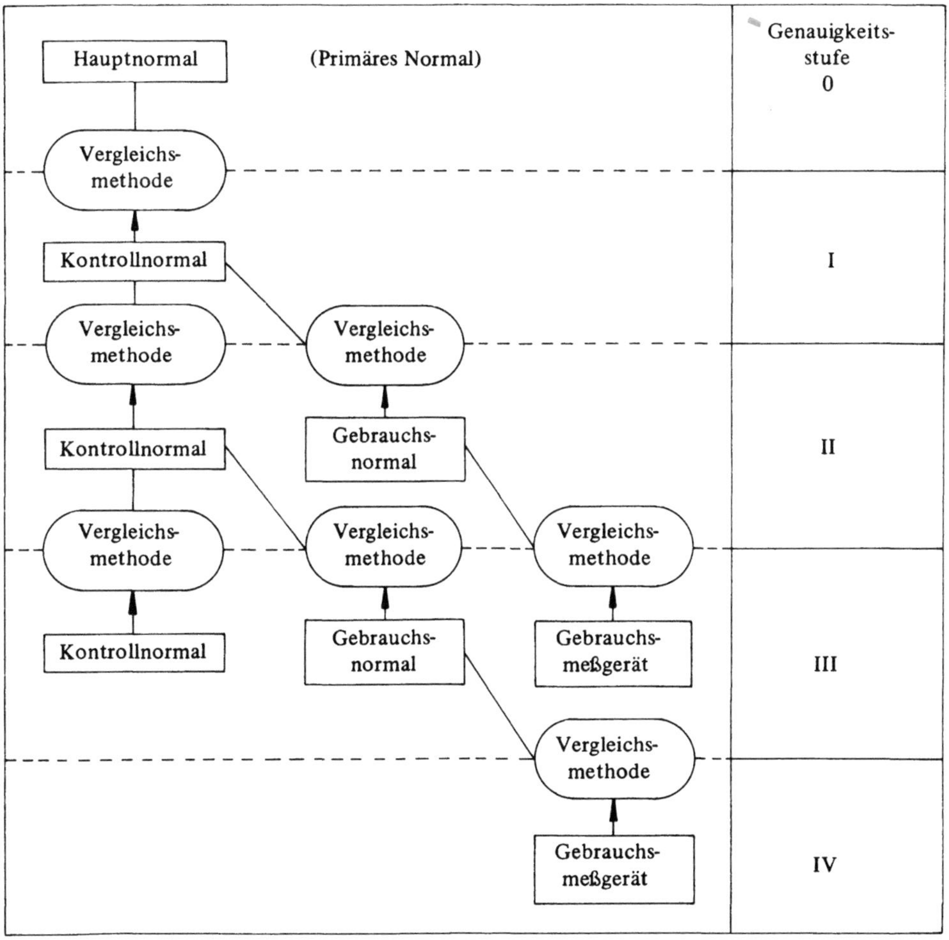

6.6 Zertifiziertes Referenzmaterial – Matière-étalon de référence – Material-references standard – Material patrón de referencia

Offiziell als Normal wegen der großen zeitlichen Stabilität einer oder mehrerer physikalischer, chemischer oder meßtechnischer Eigenschaften anerkannter Stoff oder anerkanntes Material.

Ein Verzeichnis über zertifizierte Referenzmaterialien und ihrer Bezugsquellen ist von der „Internationalen Organization für Standardization" (ISO) unter dem Titel "Directory of certified reference materials (CRM), Répertoire des matériaux de référence certifiés (MRC) herausgegeben worden (Beuth-Verlag, Burggrafenstraße 4–10, D-1000 Berlin 30, Bestell-Nr. 115 97).

Abschnitt 7 Meßgeräte:
Aufbau und Bestandteile
Instruments de mesurage
Construction; éléments constitutifs
Measuring instruments
Construction; component parts
Instrumentos de medición
Construcción; elementos constitutivos

7.1 Meßgeräteart – Catégorie d'instruments de mesurage – Category of measuring instruments – Categoría de instrumentos de medición

Gesamtheit von Meßgeräten zur Messung derselben physikalischen Größe oder mit bestimmten gemeinsamen charakteristischen Merkmalen.

Im Eichwesen werden häufig die zu einer Meßgeräteart gehörenden Meßgeräte nicht nur hinsichtlich der zu messenden Größe, sondern auch in bezug auf das verwendete Meßprinzip oder ihre Arbeitsweise eingeschränkt.

Beispiele für Meßgerätearten:
Selbsttätige Waagen, Nichtselbsttätige Waagen, Meßkolben, Büretten für Flüssigkeiten, Flüssigkeits-Glasthermometer.

Beispiele:

Gesamtheit aller Wägeeinrichtungen, Gewichte, Volumenmeßgeräte für Flüssigkeiten außer Wasser, Metrologische Meßgeräte.

7.1.1 Meßgeräteart gleichen Meßprinzips – Système d'un instrument de mesurage – (Measuring) instrument system – Sistema de un instrumento de medición

Auf dem gleichen Meßprinzip beruhende Meßgeräteart (5.1.1). Die verschiedenen praktischen Ausführungen, die ein gleiches Prinzip anwenden, bilden Abwandlungen der auf diesem Prinzip beruhenden Art.

Die wörtliche Übersetzung dieser Benennung ist nicht zutreffend, da „System" im deutschen Sprachgebrauch in anderer Bedeutung benutzt wird. Der Begriffsinhalt wird besser durch „Meßgeräteart gleichen Meßprinzips" wiedergegeben.

Bemerkungen:

1. *Die Art des Meßgerätes kennzeichnet das anzuwendende Meßprinzip, ohne auf die Mittel zur Ausführung einzugehen: z. B. ist das thermoelektrische Thermometer, bei dem die Thermospannung entweder mit einem Millivoltmeter oder mit Hilfe eines elektrischen Kompensators bestimmt wird, ein Gerät mit thermoelektrischem Meßprinzip. Die beiden angegebenen möglichen Ausführungen bilden zwei Varianten der Art.*

So sind auch die gleicharmigen Balkenwaagen und die Dezimalwaagen, die zur Meßgeräteart der Hebelwaagen gehören, zwei Varianten dieses Meßprinzips.

2. *Der Anbau von Zusatzeinrichtungen, die die meßtechnischen Eigenschaften beeinflussen – Einrichtungen für Fernanzeige, Registrierung, Speicherung und Wiedergabe der Meßwerte – verändert die Art des Meßgerätes nicht, jedoch bestimmt er die Ausführung.*

7.1.2 Vorläufiges Baumuster eines Meßgerätes – Modèle provisoire d'un instrument de mesurage – Provisional pattern of a measuring instrument – Modelo provisorio de un instrumento de medición

Gerät, das die Formen und die Funktionsweise eines Meßgeräts unter Verwendung eines bestimmten Meßprinzips wiedergibt, um daran seine meßtechnischen Eigenschaften studieren zu können.

Anhand vorläufiger Baumuster beginnen i. allg. die Untersuchungen im Rahmen von Zulassungen von Meßgerätebauarten zur Eichung. Aufgedeckte meßtechnische Mängel müssen behoben werden, bevor eine Zulassung für die Bauart erteilt werden kann (s. a. 2.2 Bauartprüfung).

Bemerkungen:

1. *Das endgültige Gerät muß soweit mit dem vorläufigen Baumuster übereinstimmen, daß die geforderten meßtechnischen Eigenschaften erhalten bleiben.*
2. *Die Abmessungen der verschiedenen Bauteile des Musters brauchen nicht unbedingt mit denen der entsprechenden Bauteile der endgültigen Ausfertigung übereinstimmen.*

7.1.2.1 Meßgerätebauart – Modèle d'un instrument de mesurage – Pattern of a measuring instrument – Modelo de un instrumento de medición

Endgültige Ausführung eines Meßgerätes, bei der alle die meßtechnischen Qualitäten beeinflussenden Elemente angemessen festgelegt sind.

Im eichpflichtigen Verkehr bedürfen die Meßgerätebauarten der Zulassung, wenn eine allgemeine Zulassung der Meßgeräteart, zu dem die spezielle Bauart gehört, in der Eichordnung nicht vorgesehen ist oder wenn die Bauart von den Vorschriften der Eichordnung für die allgemein zugelassene Meßgeräteart abweicht.

Bemerkungen:

1. *Die Meßgeräte gleicher Bauart müssen untereinander hinsichtlich ihrer Ausführung (Abmessung, Konstruktion, Werkstoff, Technologie) innerhalb der Toleranzen übereinstimmen.*
2. *Die zur gleichen Bauart gehörigen Meßgeräte dürfen indessen verschiedene Meßbereiche haben.*

7.1.2.2 Zugelassene Bauart – Modèle approuvé – Approved pattern – Modelo aprobado

Bauart eines Meßgerätes mit den vorgeschriebenen eichtechnischen Eigenschaften, das von der zuständigen staatlichen Stelle (2.3.1) zugelassen worden ist.

Zugelassene Bauarten tragen ein spezielles Zeichen in Form eines , wenn es sich um eine innerstaatliche Zulassung handelt und ein Zeichen in Form eines ∈, wenn es sich um eine EWG-Bauartzulassung handelt. Eine EWG-Bauartzulassung kann nur erteilt werden, wenn eine entsprechende EWG-Richtlinie für die betreffende Meßgeräteart verabschiedet worden ist. Zur Zeit gibt es etwa 20 solcher EWG-Richtlinien.

7.1.2.3 Beweismuster einer zugelassenen Bauart – Exemplaire témoin d'un modèle approuvé – Reference copy of an approved pattern – Ejemplar testigo de un modelo aprobado

Meßgerät, dessen Bauart zugelassen ist und das die Rolle eines Beweismusters spielt (in Verbindung mit einer angemessenen Dokumentation).

Die Zulassungsbehörde kann die Hinterlegung eines Mustergerätes verlangen. Der Ausdruck „Beweismuster" ist im Eichwesen ungebräuchlich, obwohl das Mustergerät den Zweck eines Beweismusters erfüllt.

Bemerkung:

Bei gewissen, besonders umfangreichen oder teuren Meßeinrichtungen, kann die Hinterlegung eingehender Baubeschreibungen ausreichen.

7.2 Blockschaltplan, Signalflußplan – Schéma de structure – Block schematic diagram – Diagrama de bloques (esquema de estructura)

Schematische Darstellung der Meßkette mit der Bezeichnung der in der Meßeinrichtung transformierten Größen.

Die VDI/VDE Richtlinie 2600, Teil 5 November 1973 „Begriffe zur Darstellung der Wirkungsweise von Meßeinrichtungen" unterscheidet zwischen Geräteplan und Signalflußplan. Im Geräteplan werden alle wesentlichen Teile als Gerätebild oder Geräteblock dargestellt, Verbindungen untereinander werden vereinfacht gezeichnet. Der Signalflußplan ist eine rein bildliche Darstellung der wirkungsmäßigen Zusammenhänge zwischen Signalen einer Meßeinrichtung. Übertragungsglieder werden als Signalblöcke gezeichnet und entsprechend den wirkungsmäßigen Zusammenhängen durch Wirkungslinien mit Wirkungsrichtung und Verzweigungsstellen verbunden.

Der Begriff Blockschaltplan ist zweideutig, da er sowohl Signalflußplan als auch Geräteplan bedeuten kann. Er sollte daher vermieden und durch die jeweils zutreffenden, in den Normen (VDI/VDE 2600, Teil 5 und DIN 19 226) vorgesehenen Ausdrücke Signalflußplan oder Geräteplan ersetzt werden.

Bemerkung:

Die zur Umformung der Meßgröße dienenden Elemente werden im allgemeinen durch Rechtecke dargestellt. An den Verbindungslinien sind die Symbole der Größen angegeben, die von einem „Umformelement" in das folgende gelangen.

Beispiel:

Blockschaltplan eines thermoelektrischen Thermometers,

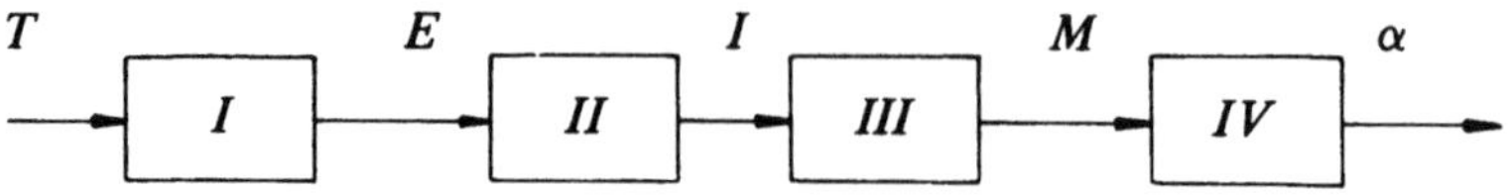

T	*Temperatur*	*I*	*Thermoelement*
E	*elektromotorische Kraft*	*II*	*Umformelement*
I	*Stromstärke*	*III*	*Elektromagnetisches System des Millivoltmeters (Spule in einem konstanten Magnetfeld)*
M	*Drehmoment*		
α	*Drehwinkel des Zeigers*	*IV*	*Feder des Millivoltmeters.*

7.2.1 Funktionsschema, Geräteplan – Schéma de principe – Operating schematic diagram – Esquema de principio

Vereinfachte Darstellung der wesentlichen Elemente eines Meßgerätes oder einer Meßanordnung und ihrer funktionsgemäßen Verbindungen.

Üblicherweise enthält der Geräteplan genormte Bild- und Schaltzeichen und keine Darstellungen der Geräte selbst.

Beispiel:

Funktionsschema eines thermoelektrischen Thermometers, das dem unter Punkt 7.2 dargestellten Blockschaltbild entspricht.

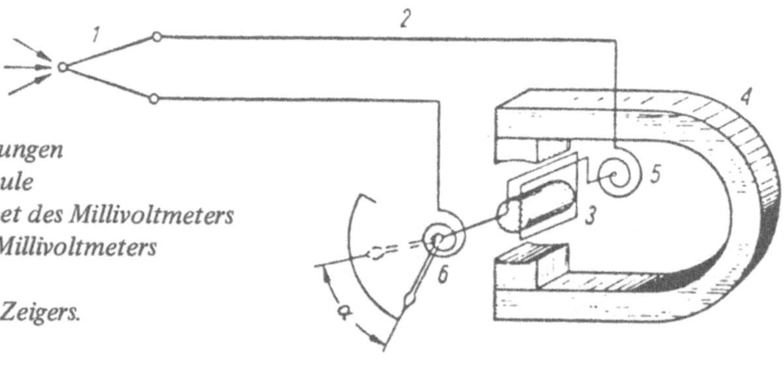

1 Thermoelement
2 Verbindungsleitungen
3 Galvanometerspule
4 Permanentmagnet des Millivoltmeters
5 Spiralfeder des Millivoltmeters
6 Zeiger
α Drehwinkel des Zeigers.

7.3. Meßkette – Chaîne de mesurage – Measuring sequence – Cadena de medición

Gesamtheit der Umformelemente (Anpasser) und der Verbindungsglieder eines Meßgeräts, die zwischen dem Aufnehmer, dem ersten Glied der Meßkette und der Anzeige, dem letzten Glied der Kette liegen.

Beispiele:

Das thermoelektrische Thermometer mit einem Millivoltmeter als anzeigendem Organ kann als eine Reihe von Umformelementen dargestellt werden:

Thermoelement, das die Temperatur T in eine elektromotorische Kraft E als Funktion von T umformt;
oder
Meßumformer in Form eines geschlossenen Stromkreises, in dem sich unter dem Einfluß der EMK E der Strom I als Funktion von E ergibt;
das elektromagnetische System eines Millivoltmeters, das den Strom I in ein Drehmoment M als Funktion von I umwandelt;
die Feder, die bei einem Drehmoment M einen Winkel α als Funktion von M entstehen läßt.

7.3.1 Aufnehmer – Capteur – Sensor – Sensor (captor)

Element eines Meßgeräts, das die zur Bestimmung der Meßgröße notwendigen Informationen aufnimmt und weitergibt.

Bemerkung:
Der Aufnehmer stellt zugleich das erste Umformelement dar.

Beispiele:
Thermoelement eines Thermometers, Differenzdruckaufnehmer eines Durchflußmessers, Bourdonrohr eines Manometers, Schwimmer eines Flüssigkeitsstand-Anzeigers.

7.3.1.1 Empfangselement des Aufnehmers, Meßsonde, Fühler – Élément récepteur du capteur – Sensing element of sensor – Elemento receptor del sensor

Der empfindliche Teil des Meßaufnehmers, der sich unter dem unmittelbaren Einfluß der zu messenden Größe befindet.

VDI/VDE 2600, Teil 6 Benennung von Meßeinrichtungen, November 1973 nennt folgende Beispiele für Sonden: Beschleunigungs-Aufnehmer, Druckaufnehmer, Temperaturfühler, Raumladungssonde.

7.3.2 Umformelement – Élément transducteur d'un appareil mesureur – Transducer element of a measuring instrument – Elemento transductor de un instrumento de medición

Als Untergruppe der Meßumformer (6.1.7), Teil einer Meßapparatur oder einer Meßeinrichtung, der jedoch nicht als getrenntes Gerät verwendet werden kann.

Bemerkungen:
1. *Das System der Umformelemente, die das thermoelektrische Thermometer bilden, ist im Beispiel 7 dargestellt.*
2. *Die verschiedenen Umformelemente sind nicht immer materiell voneinander getrennt (z. B. ist im thermoelektrischen Thermometer das Umformelement $E \rightarrow I$ nicht von dem Meßwertumformer $T \rightarrow E$ getrennt).*

7.3.3 Anzeigeeinrichtung, Ausgeber – Dispositif indicateur – Indicating device – Dispositivo indicador

Gesamtheit der Teile eines Meßgerätes, die den Meßwert anzeigen.

Beispiele:

Bei einfachen anzeigenden Meßgeräten setzt sich diese Einrichtung im allgemeinen aus einer Skale und einem Zeiger zusammen; bei Zählern besteht die Anzeigeeinrichtung (oder auch ein Teil davon) aus einem summierenden Zählwerk.

7.3.3.1 Zeiger, Anzeigemarke – Index – Index – Indice

Fester oder beweglicher Teil der Anzeigeeinrichtung (mechanischer Zeiger, Lichtmarke, Flüssigkeitsmeniskus, Schreibfeder der Registriereinrichtung, Spitze und dgl.), dessen Stand in bezug auf die Teilungsmarken den Meßwert zu bestimmen ermöglicht.

Beispiele:

Eine mit einer festen Skale versehene gleicharmige Balkenwaage, bei der ein einspielender Zeiger die Anzeigemarke bildet; in einem Elektrizitätszähler mit Ziffernskale wird die feste Markierung durch die Fenster gebildet, in denen die Ziffern der beweglichen Skalen erscheinen.

7.3.3.2 Teilungsmarke – Repère – Gauge mark, scale mark – Marca de escala

Strich oder ein anderes auf der Anzeigeeinrichtung angebrachtes Zeichen, das einem oder mehreren bestimmten Werten der gemessenen Größe entspricht.

Bemerkung:

Bei Ziffernskalen oder Mischskalen sind auch die Ziffern als Teilungsmarken anzusehen.

7.3.3.3 Mechanisch Null – Zéro mécanique – Mechanical zero – Cero mecánico

Anzeige eines mechanisch arbeitenden Gerätes, wenn der zu messende Wert der Größe gleich Null ist.

Bemerkung:

Wenn es sich um elektromechanische Meßgeräte handelt, versteht man unter der mechanischen Nullstellung die Stellung des Gerätes im stromlosen Zustand.

7.3.3.4 Elektrisch Null – Zéro électrique – Electrical zero – Cero eléctrico

Anzeige eines elektrisch betriebenen betriebsbereiten Meßgerätes, wenn der Wert der zu messenden Größe Null ist.

Bemerkung:
Elektrisch betriebene Meßgeräte haben auch eine mechanische Nullstellung. Die elektrische Nullstellung kann mit der mechanischen Nullstellung und/oder mit der Null der Skale zusammenfallen.

7.3.4 Fernanzeige – Dispositif de télémesurage – Telemeasuring device – Dispositivo de telemedición

Einrichtungen, die zur Fernanzeige oder -registrierung von Werten der gemessenen Größen dienen.

7.3.5 Registriereinrichtung – Dispositif enregistreur – Recording device – Dispositivo registrador

Teil eines registrierenden Meßgerätes, das die ermittelten Werte aufzeichnet.

7.3.5.1 Registrierelement – Dispositif d'inscription – Inscription device – Dispositivo de inscripción

Bestandteile der Registriereinrichtung, die eine Aufzeichnung der Meßwerte des Gerätes auf dem Datenträger vollziehen (7.6).

7.4 Skale, Skala – Échelle – Scale – Escala

Gesamtheit der auf der Anzeigeeinrichtung geordnet angebrachten Teilungsmarken.

Bemerkungen:

1. *Die Teilungsmarken der Skale können beziffert sein oder auch nicht. Die Bezifferung kann den verwendeten Einheiten entsprechen oder willkürlich gewählt sein.*
2. *Gewisse Geräte, Mehrbereichsgeräte genannt, können mit mehreren Skalen versehen sein; sie können aber auch eine einzige Skale mit wechselnder Bezifferung oder mit einem umschaltbaren Multiplikator besitzen.*

Beispiel:
Skale mit bezifferten Teilungsmarken.

7.4.1 Skalenbezifferung – Chiffraison d'une échelle – Scale numbering – Numeración de una escala

Die auf einer Skale angebrachte und den Werten der gemessenen Größe entsprechende Zahlenreihe, die den Teilungsmarken zugeordnet ist oder nur die laufende Numerierung der Teilungsmarken angibt.

7.4.2 Skalenabschnitt – Zone de l'échelle – Scale zone – Zona de escala

Gesamtheit aller Skalenteile zwischen zwei bestimmten Teilungsmarken der Skale.

7.4.2.1 Anzeigebereich – Étendue de l'échelle – Scale range – Alcance de la escala

Bereich zwischen den Teilungsmarken für den Skalenanfangswert und den Skalenendwert.

DIN 1319, Teil 2 und VDI/VDE 2600, Teil 4 nennen zusätzlich noch den Begriff „Meßbereich", als den Bereich, in dem die Fehlergrenzen nicht überschritten werden. Im allgemeinen ist der Meßbereich kleiner als der Anzeigebereich. Die Differenz zwischen Endwert und Anfangswert des Meßbereichs wird Meßspanne genannt.

Bemerkungen:

1. *Manche Meßgeräte können über mehrere Teilbereiche der Anzeige verfügen.*
   Beispiel: Flüssigkeitsthermometer mit örtlichen Erweiterungen der Kapillare.
2. *Bei den Zählern ersetzt der Zählbereich den Anzeigebereich der Skale.*

7.4.2.1.1 Kleinstwert des Anzeigebereichs, Skalenanfangswert – Valeur minimale de l'échelle – Minimum scale value – Valor mínimo de la escala

Wert der Meßgröße, der dem unteren Grenzwert (Anfangswert) der Skale entspricht.

Bemerkung:

Bei den Mehrbereichsmeßgeräten ist der Anfangswert gleich dem kleinsten Wert der verschiedenen Skalen.

7.4.2.1.2 Größtwert des Anzeigebereichs, Skalenendwert – Valeur maximale de l'échelle – Maximum scale value – Valor máximo de la escala

Der Wert der Meßgröße, der dem oberen Grenzwert (Endwert) der Skale entspricht.

Bemerkung:

Bei den Mehrbereichsmeßgeräten ist der Skalenendwert gleich dem Größtwert der verschiedenen Skalen.

7.4.2.1.3 Optimaler Anzeigebereich – Étendue optimale de l'échelle – Optimum-scale range – Alcance óptimo de la escala

Bereich der Skale, für den der Eigenfehler (8.2.6) eines Mehrbereichsmeßgerätes am kleinsten ist.

7.4.3 Skalenteil – Échelon – Scale division – División de escala

Intervall zwischen zwei aufeinanderfolgenden Teilungsmarken der Skale.

Bemerkungen:

1. Bei den Strichskalen ist der Skalenteil das Intervall zwischen den Achsen zweier aufeinanderfolgender Teilstriche.

2. Bei einer Ziffernskale ist ein Skalenteil gleich dem Intervall zwischen zwei benachbarten Zahlenwerten.

7.4.3.1 Teilstrichabstand – Longueur de l'échelon – Length of a scale division (scale spacing) – Longitud de la división de escala

Entlang der Bezugslinie der Skale zwischen den Achsen zweier aufeinanderfolgender Teilstriche gemessene Länge.

Bemerkung:

Bei den Mehrbereichsmeßgeräten stellt die kleinste Länge zwischen den Teilstrichen der verschiedenen Skalen „den Teilstrichabstand des Gerätes" dar.

7.4.3.2 Skalenteilungswert – Valeur de l'échelon – Value of a scale division (scale interval) – Valor de la división de escala

Wert der Meßgröße, der einem Skalenteil entspricht.

Bemerkungen:

1. Der Skalenteilungswert wird durch die gleiche Einheit ausgedrückt wie die durch das Meßgerät gegebene Anzeige.

2. Bei den Mehrbereichsmeßgeräten stellt der kleinste Skalenteilungswert der verschiedenen Skalen „den Skalenteilungswert" des Gerätes dar.

Nach DIN 1319 Teil 2 Nr. 5.8 ist bei Mehrbereichsmeßgeräten der zu jedem Bereich gehörige Skalenteilungswert anzugeben.

7.4.4 Strichskale – Échelle à traits – Line scale – Escala de trazos

Skale, deren Teilungsmarken aus einer Reihe von Teilstrichen gebildet werden.

Bemerkung:
Die Strichskale stellt eine stetige Anzeige dar.

7.4.4.1 Bezugslinie einer Strichskale – Base d'une échelle à traits – Line-scale base – Base de una escala de trazos

Dargestellte oder gedachte Linie durch die Mitte der kürzesten Teilungsmarken einer Strichskale.

Beispiele:

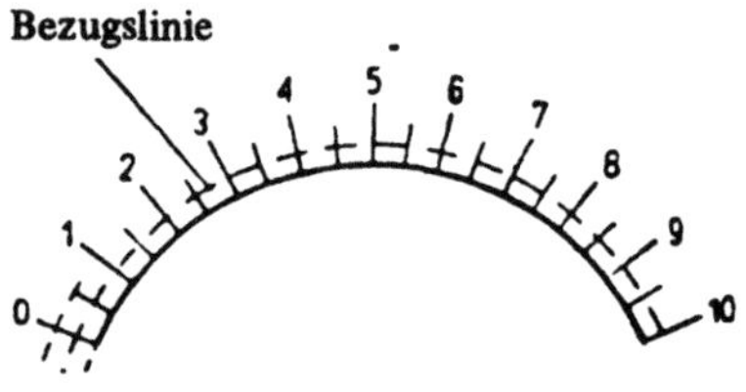

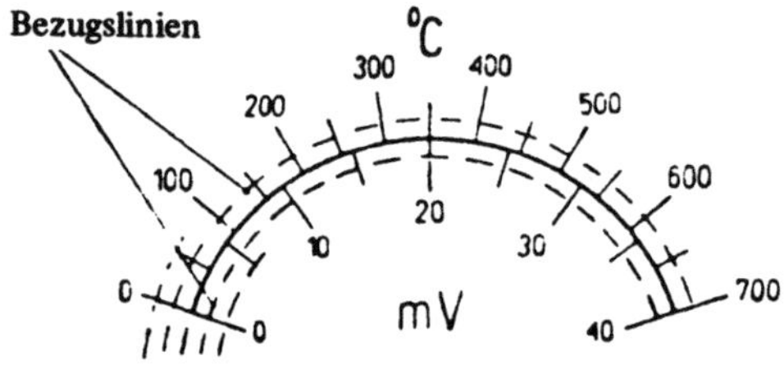

7.4.4.2 Gleichung für eine Strichskale – Équation d'une échelle à traits – Equation of a line scale – Ecuación de una escala de trazos

Die Gleichung legt die Lage der Teilungsmarken auf der Bezugslinie der Skale bezogen auf den Nullpunkt in Abhängigkeit von den Anzeigen fest.

7.4.4.2.1 Äquidistante Skale – Échelle équidistante – Equidistant scale – Escala equidistante

Skale, deren Teilstrichabstände gleich groß sind.

Bemerkung:
Eine Skale mit gleichem Teilstrichabstand kann sowohl konstante als auch veränderliche Skalenteilungswerte haben; im ersteren Fall wird sie gleichmäßig geteilte Skale genannt.

7.4.4.2.2 Skale mit konstantem Skalenteilungswert – Échelle à valeur d'échelon constante – Constant-interval scale – Escala con valor de división constante

Skale, deren Skalenteilungswerte gleich sind.

Bemerkung:
Eine Skale mit konstantem Skalenteilungswert kann sowohl konstante als auch veränderliche Teilstrichabstände haben. Im ersteren Fall wird sie als gleichmäßig geteilte Skale bezeichnet.

7.4.4.2.3 Lineare Skale – Échelle linéaire – Linear scale – Escala lineal

Skale, bei der die Teilstrichabstände den jeweiligen Skalenteilungswerten proportional sind (konstanter Proportionalitätsfaktor).

7.4.4.2.4 Gleichmäßig geteilte Skale – Échelle régulière – Regular scale – Escala regular

Skale, deren Skalenteile gleiche Längen und Werte haben.

Bemerkung:

Diese gleichmäßige Skale stellt einen Sonderfall der linearen Skale dar.

Beispiele:

Bild 1: Gleichmäßige Skale über den gesamten Skalenumfang.
Bild 2: Gleichmäßige Skale im Bereich von 9 ... 36 m³/h.

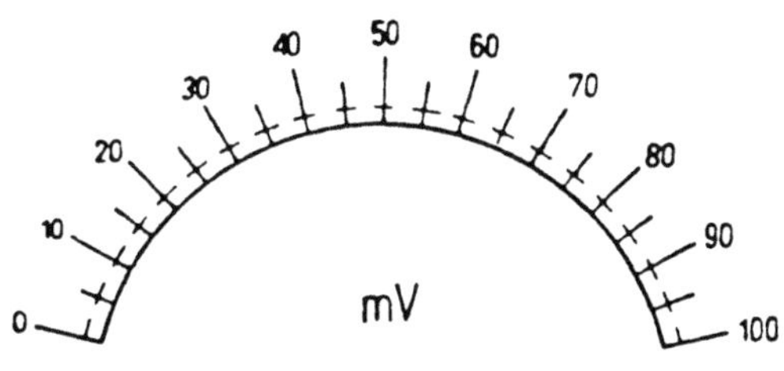

Bild 1

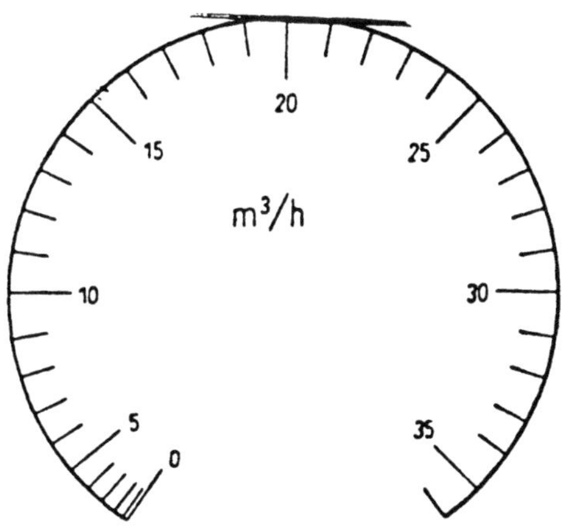

Bild 2

7.4.4.2.5 Nichtlineare Skale – Échelle non-linéaire – Non-linear scale – Escala no lineal

Skale, in der die Länge der Skalenteile nicht proportional zu ihren Werten ist.

Beispiele:

Skalen mit quadratischen, logarithmischen Teilungen usw.

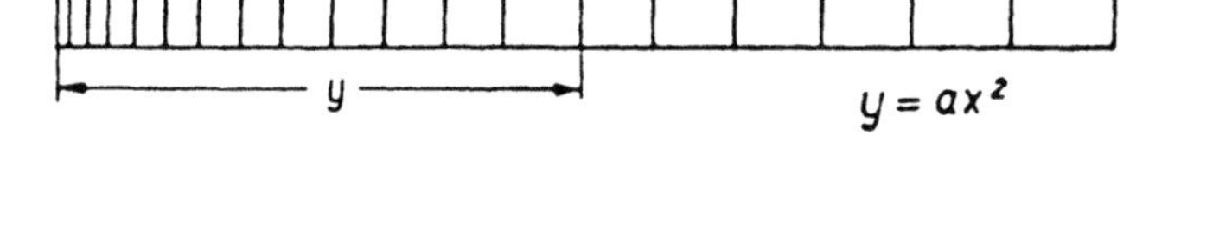

7.4.5 Ziffernskale – Échelle numérique – Digital scale (numerical scale) – Escala digital

Skale, deren Ziffern sprunghaft (diskontinuierlich) erscheinen. Sie wird von einer Reihe aufeinanderfolgender Ziffern gebildet, die direkt den Zahlenwert der gemessenen Größe anzeigen. Die Ziffernskale entspricht einer diskontinuierlichen Meßwertanzeige.

Bemerkung:

Die Ziffernreihe, die die Ziffernskale bildet, kann auf einer oder mehreren ebenen oder auch gewölbten Flächen untergebracht sein, auf der die abzulesenden Ziffern sprunghaft erscheinen.

Beispiel:

Ziffernskale, die sich auf vier auf zylindrischen Rollen befindlichen Zahlenreihen zusammensetzt. Die abzulesenden Ziffern erscheinen in dem Sichtfenster.

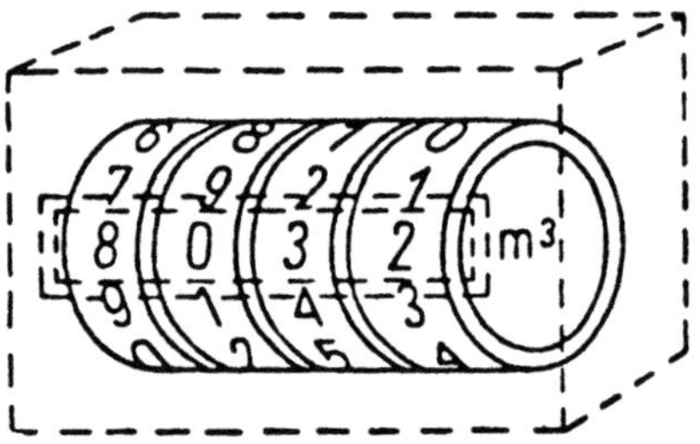

7.4.5.1 Zählwerk mit schleichend fortschreitendem Zählglied – Échelle semi-numérique – Semi-digital scale (semi-numerical scale) – Escala semidigital

Skale, bei der die Ziffern der letzten Stelle sich kontinuierlich fortbewegen und das Ablesen von Teilintervallen zwischen zwei aufeinanderfolgenden Zahlen ermöglichen. Im allgemeinen wird die Interpolation bei einer solchen Mischskale mittels einer zusätzlichen Strichskale vorgenommen.

Beispiel:

Anzeige des Zählwerks: 27832,4.

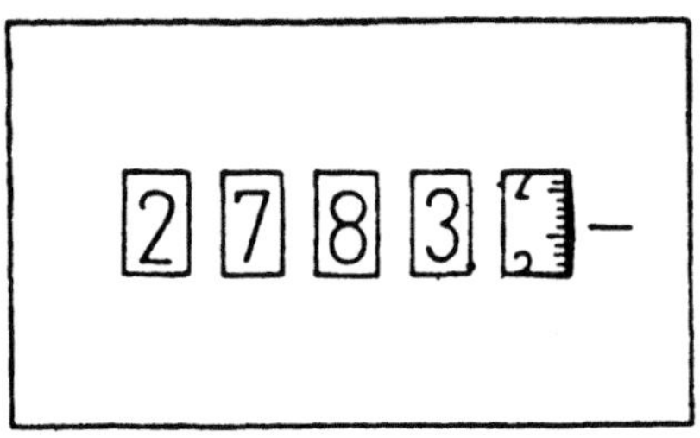

7.5 Skalenträger, Skalenblatt – Cadran – Dial – Cuadrante

Bestandteil einer Anzeigeeinrichtung, auf dem die Skale bzw. die Skalen aufgebracht sind.

Bemerkungen:

1. *Der Skalenträger kann eben (plan), zylindrisch oder kegelstumpfartig sein.*

   Wenn der Skalenträger Zylinder- oder Kegelform hat, wird er auch Trommelskale genannt.

   Bei gewissen Geräten (z. B. optischen) wird der kreisförmige Skalenträger häufig mit dem Namen „Teilkreis" bezeichnet.
2. *Bei der Ziffernskale erfüllen die Rollen (Walzen), auf denen die Ziffern angebracht sind, die Funktion der Skale.*
3. *Die Skale kann sowohl mechanisch aufgebracht als auch optisch projiziert sein.*

7.6 Registrierblatt, Diagrammträger – Support d'enregistrement – Record chart – Soporte de registro

Streifen, Scheibe oder Blatt (gewöhnlich aus Papier), worauf die Meßwerte in Form eines Diagramms aufgezeichnet werden.

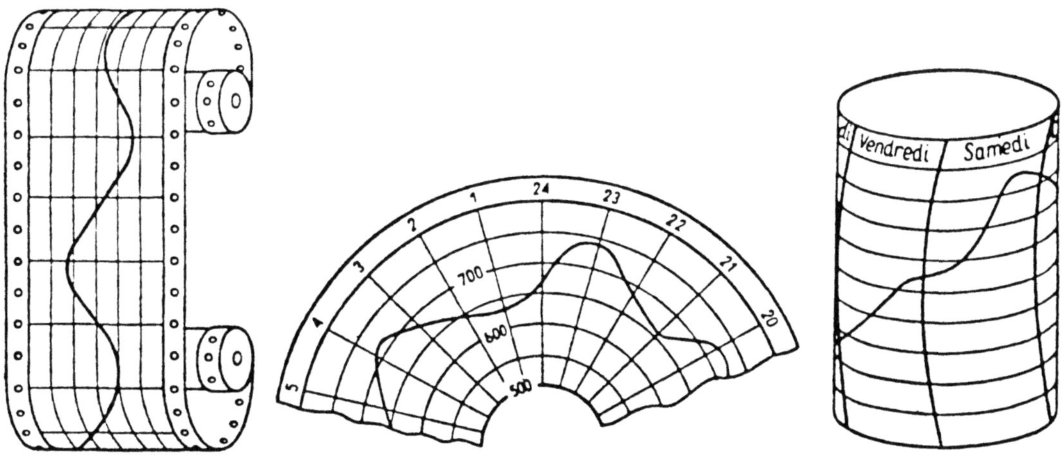

7.7 Zählwerk – Totalisateur – Totalizer – Totalizador

Teil oder Ganzes einer Anzeigeeinrichtung zur Aufsummierung der von einem Meßgerät gelieferten Werte.

Bemerkungen:

1. *Die Anzeige kann, unabhängig von der kontinuierlichen oder diskontinuierlichen Funktion des Meßgerätes, sowohl kontinuierlich als auch diskontinuierlich fortschreiten.*
2. *Es gibt Zählwerke, die alle aufeinanderfolgenden Anzeigen des Geräts während der Messung registrieren und nicht beliebig auf den Nullwert zurückgestellt werden können, aber auch Zählwerke – rückstellbare Zählwerke genannt –, die nur die Anzeigen des Gerätes für eine bestimmte Messung (oder eine bestimmte Anzahl von Messungen) registrieren und die am Schluß dieser Messung auf Null gestellt werden können.*

7.8 Meßzyklus eines Meßgerätes – Cycle de fonctionnement d'un appareil mesureur – Operating cycle of a measuring instrument – Ciclo de funcionamiento de un instrumento de medición

Reihe von aufeinanderfolgenden Bewegungen der beweglichen Teile eines Meßgerätes, nach deren Vollendung alle Elemente, mit Ausnahme der Anzeigeeinrichtung, zum ersten Mal wieder in die Ausgangslage zurückkehren.

Bemerkungen:

1. *Dieses Konzept gilt für kontinuierlich arbeitende Geräte.*
2. *Das „zyklische Volumen" eines volumetrischen Meßgerätes ist das während eines Zyklus gemessene Volumen.*

Abschnitt 8 Fehler bei Meßergebnissen und Meßgeräten

Erreurs des résultats de mesurages et erreurs des instruments de mesurage

Errors in the results of measurements and erros of measuring instruments

Errores en los resultados de mediciones y errores de los instrumentos de medida

In den letzten Jahren haben intensive Diskussionen in nationalen und internationalen Organisationen über die Angabe von Fehlern und ihrer unterschiedlichen Anteile (systematische, zufällige) bei Messungen stattgefunden. Das Internationale Büro für Maß und Gewicht (BIPM) hat durch eine entsprechende Untersuchung festgestellt, daß gegenwärtig die meisten Auswertungen von Messungen unter der Uneinheitlichkeit, der Unvollständigkeit und dem Fehlen von Informationen über die Meßfehler leiden.

Dies gilt auch für die entsprechende Terminologie. Sie unterliegt einem Wandel, der u. a. durch die inhaltliche Änderung von Konzepten für die Fehlerangaben bedingt ist. Das erkennt man z. B. bei einem Vergleich der Titel von DIN 1319 Teil 3, Ausg. 1972 „Begriffe für die Fehler beim Messen" mit dem Titel des Entwurfs DIN 1319 Teil 3, Ausg. 1981 „Begriffe für die Unsicherheit beim Messen und für die Beurteilung von Meßgeräten."

Der vorliegende Abschnitt 8 gleicht vom Konzept her der alten Fassung von DIN 1319 Teil 3, d. h., er nennt Fehlerarten, ihre Quellen sowie ihren Einfluß auf Messungen und Meßgeräte. Der neue Entwurf von DIN 1319 Teil 3 geht davon aus, daß die bei mehreren Einzelmessungen erhaltenen Werte x_i Realisierungen einer Zufallsgröße X sind, deren Wahrscheinlichkeitsverteilung durch die beiden Parameter Erwartungswert μ und Standardabweichung σ gekennzeichnet ist. Bei Abwesenheit systematischer Abweichungen stimmt der (i. allg. unbekannte) Erwartungswert μ mit dem wahren Wert der Meßgröße überein. Die (i. allg. unbekannte) Standardabweichung σ ist ein Streuungsmaß für die zufälligen Abweichungen eines einzelnen Meßwerts vom Erwartungswert der Meßgröße. Es werden Vorschriften angegeben, wie aus einer Meßreihe Zufallstreuung (nicht: zufälliger Fehler) und Vertrauensgrenzen abzuschätzen sind. Dieses Konzept legt das Verfahren zur Angabe der Meßunsicherheiten fest, von Angaben also, die zur Beurteilung von Messungen und zum Vergleich unterschiedlicher Messungen erforderlich sind. Für die Belange des Eichwesens ist es i. allg. ausreichend festzustellen, ob von Meßgeräten vorgegebene Fehlergrenzen eingehalten werden.

8.1 Fehler beim Messen – Erreur de mesurage – Error of measurement – Error de medición

Abweichung des Meßergebnisses (5.4) vom Wert der Meßgröße.

Bemerkungen:

1. *Der Wert der Meßgröße ist – entsprechend dem speziellen Fall – einer der folgenden Vergleichswerte:*

   Der wahre Wert der Größe (im allgemeinen unbekannt); der konventionell richtige Wert; das arithmetische Mittel der Ergebnisse einer Meßreihe.
2. *Die Abweichung kann als Differenz zwischen diesen beiden Werten ausgedrückt werden (8.1.5 Absolutfehler) oder auch als Quotient aus dieser Differenz und dem Wert der Meßgröße (8.1.6 Relativer Fehler).*

8.1.1 Systematischer Fehler – Erreur systématique – Systematic error – Error sistemático

Fehler, der bei mehreren, unter denselben Bedingungen ausgeführten Messungen desselben Wertes einer bestimmten Größe in Wert und Vorzeichen konstant bleibt oder der sich gesetzmäßig verändert, wenn die Bedingungen sich wandeln.

Bemerkungen:

1. *Die Ursachen der systematischen Fehler können bekannt oder unbekannt sein.*
2. *Ein systematischer Fehler, den man durch Berechnung oder Experiment bestimmen kann, ist durch eine entsprechende Korrektion zu berichtigen.*
3. *Die nicht bestimmbaren systematischen Fehler, deren Wert in bezug auf die Genauigkeit der Messung als hinreichend gering angenommen werden kann, werden bei der Berechnung der Meßunsicherheit wie zufällige Fehler behandelt.*
4. *Die nicht bestimmbaren systematischen Fehler, deren Wert in bezug auf die Genauigkeit der Messung als hinreichend groß anzunehmen ist, müssen näherungsweise abgeschätzt und bei der Berechnung der Meßunsicherheit berücksichtigt werden.*

Beispiele:

Konstante systematische Fehler:

Fehler, der sich bei der Wägung mit Hilfe eines Gewichtstückes ergibt, dessen Masse gleich der Nennmasse von 1 kg *ist, während seine konventionell richtige Masse* 1,010 kg *ist;*

Fehler, der sich bei der Anwendung eines bei 0 °C kalibrierten Maßstabes in einer Umgebungstemperatur von 20 °C ohne eine entsprechende Korrektion ergibt.

Fehler, der daraus resultiert, daß sich im Stromkreis eines thermoelektrischen Thermometers störende thermoelektrische Kräfte bilden.

Veränderliche systematische Fehler:

Anzeigefehler eines Meßgeräts, der anläßlich mehrerer aufeinanderfolgender Messungen desselben Wertes durch eine systematische Variation der Temperatur verursacht wird.

8.1.1.1 Korrektion, Berichtigung – Correction – Correction – Corrección

Ein dem „rohen" Meßergebnis (5.4.1) algebraisch hinzuzufügender Wert, um das berichtigte Ergebnis (5.4.2) zu erhalten.

Bemerkung:

Die Berichtigung ist gleich dem Absolutfehler des unkorrigierten Meßergebnisses mit umgekehrtem Vorzeichen.

8.1.2 Zufälliger Fehler – Erreur fortuite – Random error – Error aleatorio

Fehler, der auf unvorhersehbare Weise in Absolutwert und Vorzeichen bei der Durchführung einer großen Anzahl von Messungen desselben Wertes einer Größe unter praktisch gleichbleibenden Bedingungen variiert.

Bemerkungen:

1. *Man kann den zufälligen Fehler nicht durch eine am unkorrigierten Meßergebnis anzubringende Berichtigung berücksichtigen; man kann nur nach Beendigung einer unter praktisch denselben Bedingungen vorgenommenen Meßreihe (unter Verwendung desselben Meßgeräts, vom gleichen Beobachter und unter den gleichen Umweltbedingungen usw.) die Grenzen festlegen, innerhalb derer dieser Fehler mit einer gegebenen Wahrscheinlichkeit liegt.*
2. *Im Französischen benutzt man auch die Begriffe "erreur accidentelle" oder "erreur aléatoire".*

8.1.3 Grober Fehler – Erreur parasite – Parasitic error – Error parasito

Oft großer Fehler, der von einer nicht richtig ausgeführten Messung herrührt.

Beispiele:

Fehler, die sich ergeben:

Durch falsches Ablesen einer Anzeige,
durch Verwendung eines defekt gewordenen Gerätes,
durch falschen Gebrauch eines Gerätes.

8.1.4 Gesetz der Fehlerfortpflanzung – Loi de composition des erreurs – Law of combination of errors – Ley de composición de los errores

Gesetz, das den Fehler für das Ergebnis der Bestimmung einer Größe nach einem indirekten Meßverfahren aus den Fehlern ableitet, die zu den Messungen der direkt gemessenen Teilgrößen gehören.

Beispiele:

Wenn die indirekt gemessene Größe Y mit den voneinander unabhängigen (direkt gemessenen) Teilgrößen $X_1, X_2 \ldots X_\mathrm{m}$ durch $Y = F(X_1, X_2, \ldots X_\mathrm{m})$ gegeben ist, wird

a) *der systematische Fehler ΔY bei der indirekten Messung der Größe Y (im allgemeinen nur annähernd) durch das folgende Fehlerfortpflanzungsgesetz ausgedrückt:*

$$\Delta Y = \frac{\partial F}{\partial X_1}\Delta X_1 + \frac{\partial F}{\partial X_2}\Delta X_2 + \ldots + \frac{\partial F}{\partial X_\mathrm{m}}\Delta X_\mathrm{m}$$

wobei $\Delta X_1, \Delta X_2 \ldots \Delta X_\mathrm{m}$ die systematischen Fehler bei der direkten Messung der Größen $X_1, X_2 \ldots X_\mathrm{m}$ darstellen.

b) *die Standardabweichung bei der indirekten Messung der Größe Y (im allgemeinen nur annähernd) durch das folgende Gesetz über die Zusammensetzung der Standardabweichungen ausgedrückt:*

$$s_\mathrm{Y} = \sqrt{\left(\frac{\partial F}{\partial X_1}\right)^2 s_1^2 + \left(\frac{\partial F}{\partial X_2}\right)^2 s_2^2 + \ldots + \left(\frac{\partial F}{\partial X_\mathrm{m}}\right)^2 s_\mathrm{m}^2}$$

Dabei stellen $s_1, s_2 \ldots s_m$ *die Standardabweichungen bei der direkten Messung der Größen* $X_1, X_2 \ldots X_m$ *dar. Die Partialgrößen in den angegebenen Formeln müssen für einen bestimmten Punkt berechnet werden.*

8.1.4.1 Partieller Fehler (Teilfehler) – Erreur partielle – Partial error – Error parcial

Teil des Fehlers bei der Messung einer Größe nach einem indirekten Verfahren, der von dem Fehler einer der direkt gemessenen Teilgrößen herrührt.

Beispiel:

In den Beispielen von 8.1.4 stellen die Ausdrücke

$$\frac{\partial F}{\partial X_1}\Delta X_1, \quad \frac{\partial F}{\partial X_2}\Delta X_2, \ldots \frac{\partial F}{\partial X_m}\Delta X_m$$

oder

$$\frac{\partial F}{\partial X_1}s_1, \quad \frac{\partial F}{\partial X_2}s_2, \ldots \frac{\partial F}{\partial X_m}s_m$$

die systematischen Teilfehler oder die (Teil-) Standardabweichungen bei der direkten Messung der Größen $X_1, X_2 \ldots X_m$ *dar.*

8.1.5 Absoluter Fehler, (Absolutfehler) – Erreur absolue – Absolute error – Error absoluto

Algebraische Differenz zwischen dem Ergebnis der Messung und dem Vergleichswert:
Absoluter Fehler = Ergebnis der Messung – Vergleichswert.

Dieser Vergleichswert kann der „wahre" Wert (4.2.1), der konventionell richtige Wert (4.2.1.1) oder das arithmetische Mittel der Ergebnisse einer Meßreihe sein.

8.1.5.1 Realer Absolutfehler – Erreur absolue véritable – Real absolute error – Error absoluto real

Algebraische Differenz zwischen dem Ergebnis der Messung und dem konventionell richtigen Wert (4.2.1.1) der gemessenen Größe.

Beispiel:

Das Ergebnis einer Messung ist 10,1 mm; *wenn der konventionell richtige Wert der Größe* 10,3 mm *ist, so ist der reale Absolutfehler* (10,1–10,3) mm = – 0,2 mm.

8.1.5.2 Betrag des Fehlers – Valeur absolue de l'erreur – Absolute value of an error – Valor absoluto del error

Wert des Fehlers ohne Berücksichtigung des Vorzeichens.

Bemerkung:
Es ist erforderlich, einen Unterschied zwischen dem Begriff „Absoluter Fehler" und „Absoluter Betrag des Fehlers" zu machen; im letzten Fall bezieht sich die Bezeichnung „absolut" nur auf das Vorzeichen.

Beispiel:
Wenn die Fehlergrenze eines Meßgerätes gleich ± 0,2 mm *ist, so ist der absolute Betrag dieser Fehlergrenze* |± 0,2| mm = 0,2 mm. *In dem unter 8.1.5.1 angegebenen Beispiel ist der absolute Betrag des Fehlers* |− 0,2| mm = 0,2 mm.

8.1.5.3 Abweichung (eines Einzelwertes vom Mittel) – Erreur absolue apparente – Deviation (Apparent absolute error) – Desvío (error absoluto aparente)

Algebraische Differenz zwischen einem einzelnen Meßergebnis einer Meßreihe und dem arithmetischen Mittel aller Ergebnisse dieser Meßreihe.

Beispiel:
Wenn die Ergebnisse von 5 Messungen desselben Durchmessers, durchgeführt mit derselben Schieblehre, vom gleichen Beobachter, in gleicher Umgebungstemperatur usw. ... (und von gleicher Wertigkeit) folgende sind:
d_1 = 15,6 mm; d_2 = 15,8 mm; d_3 = 15,8 mm; d_4 = 15,6 mm; d_5 = 15,7 mm, *ist das arithmetische Mittel dieser Ergebnisse*
$\bar{d}$ = 1/5 (15,6 + ... 15,7) mm = 15,7 mm.
Die Abweichungen der Einzelergebnisse sind:
$v_1 = d_1 - \bar{d}$ = 15,6 mm − 15,7 mm = − 01, mm und
$v_2 = d_2 - d$ = 15,8 mm − 15,7 mm = + 0,1 mm usw.

8.1.6 Relativer Fehler – Erreur relative – Relative error – Error relativo

Quotient aus dem absoluten Fehler und dem Bezugswert, der zur Berechnung dieses absoluten Fehlers verwendet wurde. Dieser Bezugswert kann der „wahre Wert", der konventionell richtige Wert oder das arithmetische Mittel einer Meßreihe sein.

Beispiel:
Hat man den konventionell richtigen Wert einer Länge mit l = 15,20 mm *bestimmt und findet als Ergebnis der Messung* l = 15,07 mm, *erhält man als realen absoluten Fehler* e = (15,07−15,20) mm = − 0,13 mm.
Der relative Fehler ist:

$$\epsilon = e/l = -0{,}13/15{,}2 = -0{,}0086 = -0{,}86\,\%.$$

8.1.6.1 Relativer Bezugsfehler – Erreur réduite (erreur conventionelle réduite) – Reduced error (fiducial error) – Error reducido

Quotient aus dem absoluten Fehler eines Meßgerätes und dem Bezugswert, der dem Meßgerät zugeordnet ist.

Bemerkung:

Für den Bezugswert kann man den Skalenendwert, den Anzeigebereich, den Meßbereich usw. zulassen.

8.1.7 (im "Vocabulaire" nicht vorhanden)

8.1.7.1 Standardabweichung eines Einzelwerts einer Meßreihe – Ecart moyen quadratique (écart-type) d'un seul mesurage dans une série de mesurages – Standard deviation of a single measurement in a series of measurements – Desvío medio cuadrático (desvío estandar) de una sola medición en una serie de mediciones

Ausdruck, der die Streuung von Ergebnissen charakterisiert, die in einer Reihe von Messungen desselben Wertes einer Meßgröße erhalten wurden:

$$s = \sqrt{\frac{\sum_{i=1}^{n} (x_i - \bar{x})^2}{n-1}}$$

wobei x_i das i-te Ergebnis der Messung ($i = 1, 2, 3 \ldots n$) und $\bar{x}$ das arithmetische Mittel von n berücksichtigten Ergebnissen ist.

Bemerkung:

Der nach dieser Definition errechnete Wert s ist ein Schätzwert der unbekannten theoretischen Standardabweichung, denn man berechnet s aus den experimentell ermittelten Werten und den Abweichungen $(x_i - \bar{x})$.

8.1.7.2 Standardabweichung des arithmetischen Mittelwertes einer Meßreihe – Écart moyen quadratique (écart-type) de la moyenne arithmétique d'une série de mesurages – Standard deviation of the arithmetic mean of a series of measurements – Desvío medio cuadrático (desvío estandar) de la media aritmética de una serie de mediciones

Ausdruck, der die Streuung des arithmetischen Mittels einer Reihe unabhängiger Messungen desselben Wertes einer gemessenen Größe kennzeichnet:

$$s_r = \frac{s}{\sqrt{n}}$$

wobei s ein Schätzwert der Standardabweichung einer Einzelmessung einer Meßreihe und n die Anzahl der Messungen in der Meßreihe ist.

Bemerkung:

Die Vergrößerung der Anzahl der Messungen vermindert den Einfluß der zufälligen Fehler, wenn man als Ergebnis einer Meßreihe den Mittelwert der Einzelergebnisse nimmt.

8.1.8 Meßunsicherheit – Incertitude de mesurage – Uncertainty of measurement – Incertidumbre de medición

Durch Grenzwerte festgelegtes Maß zur Kennzeichnung der Streuung von Meßwerten.

Hier gilt die entsprechende Bemerkung im Vorwort.

8.1.8.1 Fehlergrenze eines Einzelmeßwertes einer Meßreihe – Erreurs limites d'un seul mesurage d'une série – Limiting errors (confidence limits) of a single measurement in a series – Errores límites de una sola medición de una serie

Größtfehler (nach plus oder minus), für den die Wahrscheinlichkeit nicht vom Fehler bei irgendeiner Einzelmessung einer Meßreihe übertroffen zu werden, einen solchen Wert P hat, daß die Differenz $1-P$ zu vernachlässigen ist.

Bemerkungen:

1. *Im allgemeinen berechnet man die Fehlergrenzen eines einzelnen Meßwertes als Produkt der Standardabweichung mit einer Zahl t (ganze Zahl oder Bruch), man hat also:*

   $e_1 = + ts$ *und* $e_2 = - ts$, wobei s *wie in 8.1.7.1 definiert ist*
   und die Zahl t in Abhängigkeit von der Wahrscheinlichkeit P so bestimmt ist, daß die Werte e_1 *und* e_2 *nicht überschritten werden.*

   Bei diesem Verfahren muß die Standardabweichung als bekannt vorausgesetzt werden (s. a. DIN 1319, Teil 3, Ausg. 1981).

   Im Falle einer Normalverteilung der Fehler und für eine ausreichend große Anzahl von Messungen setzt man oft $t = 3$ *ein, was der Wahrscheinlichkeit* $P = 99{,}73\,\%$ *entspricht, in einer Meßreihe die Werte* $e_1 = 3s$ *und* $e_2 = -3\,s$ *nicht zu überschreiten;*

   für $P = 95\,\%$ *wird* $t = 1{,}96$ *und*
   für $P = 99\,\%$ *wird* $t = 2{,}58 \ldots$
2. *Die obige Definition der Fehlergrenzen setzt voraus, daß man das Ergebnis um die systematischen Fehler korrigiert hat; diese Fehlergrenzen werden jedoch noch „Rückstände" dieser systematischen Fehler enthalten.*
3. *Die Wahrscheinlichkeit P entspricht dem statistischen Begriff „Vertrauensniveau" und die Fehlergrenzen entsprechen dem Begriff „Vertrauensgrenzen".*

Im Eichwesen werden Fehlergrenzen, die einzuhalten sind, vereinbart. In der Regel sind sie so bemessen, daß die durch zufällige Streuung bedingte Meßunsicherheit nicht gesondert berücksichtigt werden muß. Für bestimmte Meßgeräte gibt es Vorschriften über die zulässige Streuung unter Wiederholbedingungen, für Fein- und Präzisionswaagen schreibt die Eichordnung z. B. vor, daß die Standardabweichung des Wägeergebnisses nicht größer als ein Drittel des Absolutwertes der für die betreffende Belastung geltenden Fehlergrenze sein darf.

8.1.8.2 Fehlergrenzen des arithmetischen Mittels einer Meßreihe – Erreurs limites de la moyenne arithmétique d'une série de mesurages – Limiting errors (confidence limits) of the arithmetic mean of a series of measurements – Errores límites de la media aritmética de una serie de mediciones

Größtfehler (nach plus oder minus), für den die Wahrscheinlichkeit nicht vom Fehler des arithmetischen Mittels einer Reihe von Messungen übertroffen zu werden, einen solchen Wert P hat, daß die Differenz $1-P$ zu vernachlässigen ist.

Bemerkungen:

1. *Im allgemeinen berechnet man die Fehlergrenzen des Mittelwertes einer Meßreihe auf die gleiche Weise wie die eines Einzelmeßwertes, jedoch unter Verwendung der Standardabweichung des Mittelwertes* s_r.
2. *Für eine kleine Anzahl von Messungen bedient man sich der nach der Studentschen Verteilung errechneten Werte von t.*

8.1.8.3 Unsicherheit einer Einzelmessung einer Meßreihe – Incertitude d'un seul mesurage d'une série – Uncertainty of a single measurement of a series – Incertidumbre de una sola medición de una serie

Unsicherheit ausgedrückt durch $\pm t \cdot s$.

8.1.8.4 Unsicherheit des arithmetischen Mittels einer Meßreihe – Incertitude de la moyenne arithmétique d:une série – Uncertainty of the arithmetic mean of a series – Incertidumbre de la media arithmética de una serie

Unsicherheit ausgedrückt durch $\pm t \cdot s_r$.

8.1.8.5 Unsicherheitsbereich der Messung – Zone d'incertitude de mesurage – Range of uncertainty (confidence interval) of measurement – Zona de incertidumbre de medición

Durch $2\,t \cdot s$ ausgedrückter Wert für eine Einzelmessung und durch $2\,t \cdot s_r$ ausgedrückter Wert für das arithmetische Mittel einer Reihe von Messungen. Der Wert entspricht dem statistischen Ausdruck „Vertrauensbereich".

8.1.9 Gesamtmeßfehler – Imprécision de mesurage – Inaccuracy of measurement – Imprecisión de medición

Ausdruck für den Fehler einer Messung, der sich aus der Zusammenfassung der systematischen und der Zufallsfehler der Messung ergibt.

Bemerkung:
Nach Korrektur aller systematischer Fehler ist der Gesamtmeßfehler gleich der Zufallskomponente der Meßunsicherheit.

8.2 Gerätefehler – Erreur instrumentale – Instrumental error – Error instrumental

Fehler, der seine Ursache im Meßgerät selbst hat.

Beispiele:
Fehler, der unter anderem entsteht durch Reibung zwischen den beweglichen Elementen des Meßgerätes, durch ungenaue Anordnung der Teilstriche der Skala oder durch die Ungleichheit der Arme einer Waage.

8.2.1 Aufschriftfehler einer Maßverkörperung – Erreur (d'indication) d'une mesure matérialisée – Error (of indication) of a material measure – Error (de indicación) de una medida materializada

Differenz $V_n - V_c$ zwischen dem Nennwert V_n und dem konventionell richtigen Wert V_c der Maßverkörperung.

Bemerkungen:
1. *Siehe 5.3, Bemerkung 1.*
2. *Wenn keine Verwechslung zu befürchten ist, benutzt man auch den kürzeren Ausdruck „Fehler einer Maßverkörperung".*

Beispiel:
In dem zu Punkt 8.2.5 gehörigen Beispiel: $e_i = V_n - V_c$ = 1000 ml–1005 ml = –5 ml, *ist der Nennwert in bezug auf den richtigen Wert des Maßes also zu klein.*

8.2.2 Anzeigefehler einer Meßeinrichtung – Erreur (d'indication) d'un appareil mesureur – Error (of indication) of a measuring instrument – Error (de indicación) de un instrumento de medición

Differenz $V_i - V_c$ zwischen dem durch die Meßeinrichtung angezeigten Wert V_i und dem konventionell richtigen Wert der gemessenen Größe V_c.

Bemerkung:
Wenn keine Verwechslung zu befürchten ist, kann auch der vereinfachte Ausdruck „Fehler einer Meßeinrichtung" verwendet werden.

Beispiel:

Die Anzeige eines Amperemeters ist $V_i = 40$ A, wenn der konventionell richtige Wert der gemessenen Stromstärke jedoch $V_c = 41$ A beträgt, ist der Anzeigefehler $e_i = 40$ A-41 A $= -1$ A.

8.2.3 Nullpunktsfehler – Erreur de zéro – Zero error – Error de cero

Anzeige eines Meßgeräts für den Wert Null der zu messenden Größe.

8.2.4 Standardabweichung der einzelnen Anzeige in einer Reihe von Anzeigen eines Meßgerätes – Ecart moyen quadratique (écart-type) d'une seule indication dans une série d'indications d'un instrument de mesurage – Standard deviation of a single indication in a series of indications of a measuring instrument – Desvío medio cuadrático (desvío estandar) de una sola indicación en una serie de indicaciones de un instrumento de medición

Ausdruck, der die Streuung der Anzeigen eines Meßgerätes (9.6.1) charakterisiert, die in einer Reihe von n Messungen desselben Wertes einer gemessenen Größe erhalten wurden nach folgender Formel:

$$s = \sqrt{\frac{\sum_{i=1}^{n} (x_i - \bar{x})^2}{n-1}}$$

wobei x_i die i-te Anzeige des Meßgeräts ist ($i = 1, 2, 3, \ldots n$) und $\bar{x}$ das arithmetische Mittel von n ausgewerteten Anzeigewerten ist.

Bemerkungen:

1. *Entsprechend den Bedingungen, unter denen die Messungen ausgeführt werden, kann s ein Maß verschiedener Eigenschaften des Meßgeräts sein (Streuung, Stabilität ...)*
2. *Der nach dieser Definition errechnete Wert ist ein Schätzwert der unbekannten theoretischen Standardabweichung, denn man berechnet s aus experimentell ermittelten Werten und den Differenzen ($x_i - \bar{x}$).*
3. *Der betrachtete Begriff bezieht sich ebenso auf Meßgeräte wie auf Maßverkörperungen. Was die Maßverkörperungen angeht, die nur einen Wert (oder mehrere diskrete Werte) einer Größe darstellen, ist es theoretisch nicht ganz korrekt, von der Streuung ihrer Meßwerte zu sprechen, repräsentieren sie doch tatsächlich konstante Werte. Jedoch kann man sich in diesem Fall für die Streuung des Wertes der reproduzierten Größe interessieren, die sich beim Vergleich mit einem Normal ergibt.*

8.2.5 Kalibrierfehler einer Maßverkörperung – Erreur de calibrage d'une mesure matérialisée – Gauging error of a material measure – Error de calibración de una medida materializada

Differenz $V_c - V_n$ zwischen dem konventionell richtigen Wert V_c, reproduziert durch die Maßverkörperung und dem Nennwert V_n dieses Maßes.

Beispiel:

Ein Hohlmaß enthält V_c = 1005 ml *und sein Nennwert ist* „1 Liter", *sei also* V_n = 1000 ml, *der Kalibrierfehler dieses Maßes ist also:* e = 1005 ml – 1000 ml = + 5 ml. *Der richtige Wert des Maßes ist somit in bezug auf seinen Nennwert zu groß.*

8.2.6 Grundfehler (Eigenfehler) eines Meßgeräts – Erreur de base d'un instrument de mesurage – Intrinsic error of a measuring instrument – Error de base de un instrumento de medición

Fehler eines Meßgeräts, das unter Referenzbedingungen (9.1.3) verwendet wird.

8.2.6.1 Einflußgrößenfehler eines Meßgeräts – Erreur complémentaire d'un instrument de mesurage – Complementary error of a measuring instrument – Error complementario de un instrumento de medición

Fehler eines Meßgeräts, der dadurch hervorgerufen wird, daß die Werte der Einflußgrößen nicht den Referenzbedingungen entsprechen.

Bemerkung:

Wenn sich der Wert der Einflußgröße (4.1.2) vom Referenzwert (9.1.1) oder vom Referenzbereich (9.1.2) entfernt, bewirkt jede Einflußgröße ihren eigenen Zusatzfehler.

8.2.6.1.1 Anzeigevariation eines Meßgerätes – Variation d'indication d'un instrument de mesurage – Variation of indication of a measuring instrument – variación de indicación de un instrumento de medición

Differenz der gemessenen Werte einer Größe, wenn eine Einflußgröße nacheinander zwei spezifizierte Werte annimmt, ohne daß man die Meßgröße ändert.

8.2.6.2 Temperaturfehler – Erreur due à la température – Temperature error – Error debido a la temperatura

Fehler, der daher rührt, daß die Temperatur des Meßgerätes ihren Referenzwert nicht einhält.

8.2.6.2.1 Temperaturkoeffizient eines Meßgeräts – Coefficient de température d'un instrument de mesurage – Temperature coefficient of a measuring instrument – Coeficiente de temperatura de un instrumento de medición

Relative Änderung der Anzeigen eines Meßgeräts oder der richtigen Werte einer Maßverkörperung bei Änderung ihrer Temperatur um 1 °C.

Beispiel:

Wenn der Temperaturkoeffizient eines Federmanometers (dessen Referenzwert 20 °*C ist) z. B.* $8 \cdot 10^{-4}$ °C^{-1} *ist, und wenn das Gerät bei einer Temperatur von* 30 °*C benutzt wird, ist seine Anzeige mit einem Fehler (in diesem Fall nach plus) von* 0,8 % *behaftet.*

8.2.6.3 Reibungsfehler – Erreur due au frottement – Frictional error – Error de rozamiento

Fehler, der durch die Reibung der beweglichen Teile des Meßgeräts entsteht.

8.2.6.4 Trägheitsfehler – Erreur due á l'inertie – Inertial error – Error de inercia

Der durch die Trägheit (mechanische, thermische oder eine andere) der Geräteteile hervorgerufene Fehler.

8.2.7 Justierfehler – Erreur d'ajustage – Adjustment error – Error de ajuste

Teil des Gesamtfehlers des Meßgerätes ausgedrückt durch die Differenz zwischen der Anzeige des Meßgerätes und der Anzeige, die sich bei exakt justiertem Gerät ergeben würde (2.8.1).

8.2.8 Digitalisierungsfehler – Erreur de discontinuité – Discontinuity error – Error de discontinuidad

Differenz zwischen der Ziffernanzeige und dem Ergebnis, das man erhalten würde, wenn das Gerät eine Skalenanzeige hätte.

8.3 Eichfehlergrenzen – Erreurs maximales tolérées lors de la vérification – Maximum permissible errors on verification – Errores maximos permisibles en el momento de la verificación

Die in den Vorschriften für die (verschiedenen Arten von) Eichungen zugelassenen Höchstwerte der Fehler (nach plus und nach minus).

Nach der Eichordnung gelten gleiche Fehlergrenzen für die Erst- und Nacheichung.

Bemerkungen:

1. *In der meßtechnischen Fachterminologie sollte man die Verwendung des Ausdruckes „Toleranz" im Sinne der obigen Definition vermeiden.*
2. *Die Eichfehlergrenze kann sowohl als Absolutwert als auch als relativer Wert angegeben werden.*
3. *Vergleiche Abschnitt 9 für die verschiedenen Arten von Fehlergrenzen.*

8.3.1 Verkehrsfehlergrenzen – Erreurs maximales tolérées en service – Maximum permissible errors in service – Errores máximos permisibles en servicio

Die in den Vorschriften für ein Meßgerät zugelassenen Höchstwerte der Fehler (nach plus und nach minus) für ein im Verkehr (Betrieb) befindliches Gerät.

Sie betragen in der Regel das Doppelte der Eichfehlergrenzen.

8.4 Methodischer Fehler – Erreur de méthode – Error of method – Error de método

Fehler durch Anwendung eines Meßverfahrens, das der Natur des verwendeten Meßgeräts nicht entspricht.

Beispiel:

Messung einer Kraft mittels einer Federwaage bei Unterstellung einer Linearität zwischen Wegänderung und Kraft, während die diese beiden Größen verbindende Funktion in Wirklichkeit nichtlinear ist.

8.5 Beobachtungsfehler, persönlicher Fehler – Erreur d'observation – Error of observation – Error de observación

Während des Meßvorgangs durch den Beobachter begangener Fehler.

Beispiele:

a) Der im Laufe einer Messung der Strahldichte oder einer Strahlungstemperatur mit Hilfe eines Kontrast-Photometers oder eines optischen Fadenpyrometers durch ungenaue Angleichung der Helligkeit der beiden Zonen entstandener Fehler.

b) Der durch ungenaue Einregelung des Lautstärkenminimums im Telefonhörer entstandene Fehler bei der Messung mit einer Wechselstrombrücke.

In diesen beiden Beispielen stellt der Ablesefehler des Meßwertes gebräuchlicher Meßgeräte nur einen Teil des gesamten Beobachtungsfehlers dar.

8.5.1 Ablesefehler – Erreur de lecture – Reading error – Error de lectura

Aus der ungenauen Ablesung des Meßwerts eines Meßgeräts durch den Beobachter resultierender Beobachtungsfehler.

8.5.1.1 Parallaxenfehler – Erreur de parallaxe – Parallax error – Error de paralaje

Ablesefehler, der entsteht, wenn sich der Zeiger in einem gewissen Abstand von der Skala befindet und die Ablesung nicht in der für das verwendete Gerät vorgesehenen Blickrichtung erfolgt.

8.5.1.2 Interpolationsfehler – Erreur d'interpolation – Interpolation error – Error de interpolación

Beobachtungsfehler, der sich aus der ungenauen Schätzung des Zeigerstandes zwischen zwei benachbarten Teilungsmarken ergibt.

8.6 Fehlerkurve eines Meßgeräts – Courbe d'erreurs d'un instrument de mesurage – Error curve of a measuring instrument – Curva de errores de un instrumento de medición

Kurve, die den Fehler eines Meßgeräts darstellt, entweder in Abhängigkeit von der gemessenen Größe oder irgendeiner anderen Größe, die diesen Fehler beeinflußt.

8.6.1 Kennlinie (Kalibrierkurve) eines Meßgeräts – Courbe d'étalonnage d'un instrument de mesurage – Calibration curve of a measuring instrument – Curva de contraste de un instrumento de medición

Kurve, die die Beziehung zwischen den Werten der Meßgrößte und den von dem Gerät angezeigten Werten wiedergibt.

8.6.2 Korrektionskurve (Berichtigungskurve) eines Meßgeräts – Courbe de correction d'un instrument de mesurage – Correction curve of a measuring instrument – Curva de corrección de un instrumento de medición

Kurve, die als Funktion eines bestimmten Parameters die Korrektionen angibt, die an den mit einem Meßgerät erzielten Ergebnissen anzubringen sind.

Abschnitt 9 Anwendungsbedingungen und meßtechnische Eigenschaften von Meßgeräten
Conditions d'emploi et qualités métrologiques des instruments de mesurage
Conditions of use and metrological properties of measuring instruments
Condiciones de empleo y cualidades metrológicas de los instrumentos de medición

9.1 Übliche Anwendungsbedingungen – Conditions usuelles d'emploi – Normal conditions of use – Condiciones normales de empleo

Für die richtige Anwendung des Meßgeräts zu beachtende Bedingungen, die berücksichtigen, für welchen Meßzweck das Gerät entworfen und ausgelegt ist.

Bemerkungen:

1. *Die üblichen Anwendungsbedingungen können sich unter anderem beziehen auf die Art und den Zustand des Meßobjekts, die Werte der gemessenen Größe, die Werte der Einflußgrößen, die Ablesung der Meßwerte usw. ...*
2. *Wenn diese Bedingungen auf dem Meßgerät oder in einer Bedienungsanweisung zum Gerät aufgeführt sind, werden sie Gebrauchsbedingungen genannt.*

9.1.1 Referenzwert – Valeur de référence – Reference value – Valor de referencia

Wert einer Einflußgröße (4.1.2), für den die maximal zulässigen Eigenfehler (8.2.6) festgelegt sind.

9.1.2 Referenzbereich – Domaine de référence – Reference range – Dominio de referencia

Bereich der Werte einer Einflußgröße, für den die maximal zulässigen Eigenfehler festgelegt sind.

9.1.3 Referenzbedingungen – Conditions de référence – Reference conditions – Condiciones de referencia

Gesamtheit der Referenzwerte oder -bereiche der verschiedenen Einflußgrößen für ein Meßgerät.

Nach VDI/VDE 2600 Teil 4 Nr. 4.1.2.3 muß eine Meßeinrichtung unter Referenzbedingungen die garantierten Fehlergrenzen einhalten. In DIN 57 413 Teil 1/VDE 0413 Teil 1 heißt es: „Eine Gruppe von Werten der Einflußgrößen mit zulässigen Abweichungen, die für Vergleichsmessungen und Kalibrierungen festgelegt sind."

9.1.4 Nenngebrauchsbereich (für eine bestimmte Einflußgröße) – Domaine nominal d'utilisation (pour une grandeur d'influence déterminée) – Nominal range of use (for a given influence quantity) – Dominio nominal de utilización (para una magnitud de influencia determinada)

Wertebereich einer Einflußgröße, in dem die Einflußgrößenfehler (8.2.6.1) die maximal zulässigen Werte nicht überschreiten.

Nach VDI/VDE 2600 Teil 4 Nr. 4.1.2.4 ist der Nenngebrauchsbereich ein über den Referenzbereich hinaus erweiterter Bereich innerhalb dessen eine Einflußgröße sich ändern darf, ohne daß die Änderung der Ausgangsgröße vereinbarte zusätzliche Werte überschreitet.

DIN 57 413 Teil 1/VDE 0413 Teil 1 spricht in diesem Zusammenhang von der Gültigkeit der Gebrauchsfehlerangaben.

Im eichpflichtigen Verkehr müssen Meßgeräte die festgelegten Fehlergrenzen in den in der Eichordnung oder in der Zulassung genannten Nenngebrauchsbereichen einhalten.

9.2 Meßbereich – Étendue de mesurage – Measurement range – Alcance de medición

Bereich von Werten der zu messenden Größe, in dem die Anzeigen eines Meßgeräts – unter Einhaltung der üblichen Anwendungsbedingungen – bei jeder einzelnen Messung mit keinem die Fehlergrenze überschreitenden Fehler behaftet sein dürfen.

Bei der Eichung ist diese Fehlergrenze die Eichfehlergrenze, bei der Verwendung die Verkehrsfehlergrenze. Soweit in der Eichordnung nichts anderes festgesetzt ist, betragen die Verkehrsfehlergrenzen in der Regel das Doppelte der Eichfehlergrenzen. Sie müssen i. a. größer als die Eichfehlergrenzen sein, da Meßgeräte altern und driften und während ihrer Verwendung i. allg. wechselnden Kombinationen von Umgebungseinflüssen ausgesetzt sind.

Bemerkungen:

1. *In bestimmten Fällen können die absoluten Werte der Fehlergrenzen im Bereich der unteren Meßbereichsgrenze eingehalten sein, aber dann werden eventuell die relativen Fehler zu beachtlich, um die praktische Anwendbarkeit des Geräts noch zu gestatten (bei Messungen nahe von „Null").*
2. *Bestimmte Meßgeräte können mehrere Meßbereiche haben.*
3. *Der Meßbereich kann sich mit dem Anzeigebereich decken (7.4.2.1), er kann aber auch nur einen Teil desselben bilden.*

   Zu den Geräten der ersten Art gehören unter anderem die medizinischen Thermometer, die Aräometer usw. ... Als Beispiel von Instrumenten der zweiten Art kann man die Manometer mit Bourdon-Rohr anführen, mit denen man keine Drücke unterhalb eines bestimmten Wertes wegen des zu groß werdenden Anzeigefehlers messen kann.

Andererseits reichen für Werte oberhalb eines bestimmten Druckes die Dauerhaftigkeit und Beständigkeit nicht aus (die üblichen Anwendungsbedingungen und Sicherheitsgründe lassen überdies die Verwendung dieser Manometer in diesem letzten Bereich nicht zu, obgleich die Fehler hier eventuell in den erlaubten Grenzen bleiben würden).

4. *Bei Zählern verwendet man anstatt des Meßbereichs der zu messenden Größe den Belastungsbereich (z. B. bei Wasserzählern anstatt des Volumens den Durchfluß).*

9.2.1 Obere Meßbereichsgrenze – Portée maximale – Maximum capacity – Capacidad máxima

Wert der zu messenden Größe, der dem Größtwert des Meßbereichs entspricht.

Bei Waagen entspricht die obere Meßbereichsgrenze der Höchstlast (ohne Berücksichtigung einer evtl. additiven Tarahöchstlast).
(EO 9, Nr. 2.3.1.1, DIN 8120 Teil 3).

Bemerkung:
In manchen Fällen ist die obere Meßbereichsgrenze durch Sicherheitsbedingungen festgelegt.

9.2.2 Untere Meßbereichsgrenze – Portée minimale – Minimum capacity – Capacidad mínima

Wert der zu messenden Größe, der dem Kleinstwert des Meßbereichs entspricht.

Bei Waagen entspricht die untere Meßbereichsgrenze der Mindestlast.
(EO 9, Nr. 2.3.1.2, DIN 8120 Teil 3).
Der Wägebereich ist durch Mindestlast und Höchstlast begrenzt.

9.2.3 Belastung eines Zählers – Charge d'un compteur – Load of a meter – Carga de un medidor

Die Größe, die – über die Zeit integriert – den Wert der vom Zähler zu messenden Größe ergibt.

Beispiel:
Bei Flüssigkeits- und Gaszählern wird die Belastung durch den Durchfluß dargestellt, bei den Elektrizitätszählern (Zählern elektrischer Energie) durch die elektrische Leistung.

9.2.4 Belastungsbereich eines Zählers – Étendue de la charge d'un compteur – Meter load range – Alcance de la carga de un medidor

Bereich der Belastungswerte, in dem – unter Einhaltung der üblichen Anwendungsbedingungen – die Anzeigen des Zählers mit keinem die Fehlergrenze überschreitenden Fehler behaftet sein dürfen.

Dieser Bereich ist gegeben durch die Werte für die Minimal- und die Maximalbelastung. Bei Zählern für Flüssigkeiten und Gase schreibt die Eichordnung die Angabe des minimalen und des maximalen Durchflusses vor. Anstelle der Minimalbelastung gibt man bei Elektrizitätszählern den Anlaufstrom an, der z. B. bei Induktionszählern höchstens 0,5 % des Nennstroms betragen darf (EO 20 Teil 1).

9.2.5 Maximalbelastung eines Zählers – Charge maximale d'un compteur – Maximum load (rating) of a meter – Carga máxima de un medidor

Der dem Größtwert des Belastungsbereichs entsprechende Belastungswert.

9.2.6 Minimalbelastung eines Zählers – Charge minimale d'un compteur – Minimum load (rating) of a meter – Carga mínima de un medidor

Der dem Kleinstwert des Belastungsbereichs entsprechende Belastungswert.

9.2.7 Überlastung eines Meßgeräts – Surcharge d'un instrument de mesurage – Overload of a measuring instrument – Sobrecarga de un instrumento de medición

a) für Meßgeräte außer Zählern: Wert des Teils der gemessenen Größe, der die obere Meßbereichsgrenze überschreitet,
b) für die Zähler: Wert des Teils der Belastung, der die Maximalbelastung des Zählers überschreitet.

Bei Waagen ist es üblich, anstelle der Überlastung die Tragfähigkeit anzugeben. Bis zu dieser Grenze darf eine Waage ohne Gefahr einer Beschädigung belastet werden. Die Tragfähigkeit ist größer als die Summe aus Höchstlast und additiver Tarahöchstlast (EO 9, Nr. 2.3.1.6, DIN 8120 Teil 3).

Bemerkungen:

1. *Für das noch erlaubte Höchstmaß der Überlastung verwendet man die Bezeichnung „Überlastgrenze".*
2. *Man unterscheidet „kurzzeitige" und „langanhaltende" Überlastungen.*

9.2.8 Maximale (minimale) Meßfolge – Cadence de mesurage maximale (minimale) – Maximum (minimum) frequency of measurement – Cadencia máxima (mínima) de medición

Anzahl der Messungen pro Zeiteinheit oberhalb (unterhalb) der die mit dem Meßgerät erzielten Meßergebnisse mit Fehlern behaftet sein können, die über den Fehlergrenzen liegen.

Bemerkung:

Dieser Begriff wird nur bei Meßgeräten mit diskontinuierlicher Arbeitsweise angewandt (z. B. volumetrische Dosiergeräte oder selbsttätige Waagen zum Abwägen).

9.3 Ablesesicherheit eines Meßgerätes – Sûreté de lecture d'un instrument de mesurage – Reading certainty of a measuring instrument – Seguridad de lectura de un instrumento de medición

Eigenschaft eines Meßgeräts, dessen Anzeigeeinrichtung derart beschaffen ist, daß die Anzeige eindeutig ablesbar ist.

9.4 Empfindlichkeit eines Meßgeräts – Sensibilité d'un instrument de mesurage – Sensitivity of a measuring instrument – Sensibilidad de un instrumento de medición

Die Empfindlichkeit eines Meßgeräts für einen gegebenen Wert der gemessenen Größe wird durch das Verhältnis der Änderung seiner Anzeige zu der sie verursachenden Änderung der gemessenen Größe ausgedrückt:

$$k = \frac{\mathrm{d}l}{\mathrm{d}G}$$

Bemerkungen:

1. *Bei den am häufigsten verwendeten Geräten, bei denen das Ansteigen der betrachteten Veränderlichen durch die entsprechende Änderung des Zeigers in bezug auf eine Skale dargestellt wird, wird die Empfindlichkeit herkömmlich ausgedrückt durch das Verhältnis dieser Änderung* $\mathrm{d}l$ *längs der Bezugslinie der Skala zum Ansteigen* $\mathrm{d}G$ *der gemessenen Größe, die diese Änderung hervorruft.*

   Dieser Wert kann längs der Skale konstant oder auch veränderlich sein.
2. *In der Praxis kann man als Wert der Empfindlichkeit eines Meßgeräts mit Skale das Verhältnis des Teilstrichabstandes zum Skalenteilungswert annehmen.*
3. *Wenn Zähler und Nenner gleichartige Größen sind, wird die Empfindlichkeit als „Übertragungsverhältnis" bezeichnet.*

9.5 Richtigkeit eines Meßgeräts – Justesse d'un instrument de mesurage – Freedom from bias of a measuring instrument – Exactitud de un instrumento de medición

Eigenschaft eines Meßgeräts, die seine Eignung zur Ausgabe von Meßwerten charakterisiert, die dem konventionell richtigen Wert der zu messenden Größe gleich sind und die Unsicherheit der Anzeige vernachlässigt werden kann.

Der Begriff „Richtigkeit eines Meßgerätes" spielt im Eichwesen eine zentrale Rolle, weil nur „richtig anzeigende" Meßgeräte verwendet werden dürfen. Um die mit dem Eichgesetz verfolgten Schutzziele zu erreichen, werden daher meßtechnische Anforderungen an Meßgeräte vorgeschrieben, deren Einhaltung amtlich überprüft wird. Bei der Eichung gilt ein Meßgerät als „richtig anzeigend", wenn es die Eichfehlergrenzen einhält. Für die Verwendung werden Verkehrsfehlergrenzen zugelassen, die in der Regel das Doppelte der Eichfehlergrenzen betragen. Wird bei einer Überprüfung eines im Verkehr befindlichen geeichten Meßgerätes festgestellt, daß es die Verkehrsfehlergrenzen überschreitet, erlischt die Gültigkeit der Eichung und es darf nicht länger im eichpflichtigen Verkehr verwendet werden. Diese Entscheidung trifft der prüfende Eichbeamte.

Bemerkung:

Nach dieser Definition kennzeichnet die Richtigkeit die Eignung eines Meßgeräts zur Ausgabe von Meßwerten, die nicht mit systematischen Fehlern behaftet sind.

9.5.1 Systematischer Fehler – Erreur de justesse – Bias error (total systematic error) – Error de exactitud

Die algebraische Summe (Resultierende) der systematischen Fehler innerhalb der festgelegten Anwendungsbedingungen, die der Anzeige eines Meßgeräts anhaften.

Bemerkung:

Praktisch bestimmt man den systematischen Fehler e_j bei einer Maßverkörperung als Differenz zwischen ihrem Nennwert v_n und dem arithmetischen Mittel $\bar{v}_c$ konventionell richtiger Werte der Maßverkörperung, das als Ergebnis einer Reihe aufeinander folgender Messungen gefunden wurde, die unter üblichen Anwendungsbedingungen ausgeführt wurden:

$$e_j = v_n - \bar{v}_c.$$

Auf gleiche Weise bestimmt man den systematischen Fehler eines anzeigenden Meßgeräts durch Ermittlung der Differenz zwischen dem arithmetischen Mittel $\bar{v}_i$, der vom Meßgerät unter üblichen Anwendungsbedingungen innerhalb einer Meßserie erzielten Anzeigen und dem konventionell richtigen Wert der gemessenen Größe:

$$e_j = \bar{v}_i - v_c.$$

Beispiel:

Wenn ein elektrischer Strom mit einem Mikroamperemeter gemessen und folgende 10 Werte gefunden wurden:

6,27; 6,38; 6,62; 6,18; 6,31; 6,43; 6,36; 6,00; 6,35; 6,50; (in μA), *so ist das arithmetische Mittel dieser Werte:*

$$\bar{v}_i = \frac{6{,}27 + 6{,}38 + 6{,}62 + \ldots + 6{,}50}{10} \, \mu A = 6{,}34 \, \mu A \text{ (Meßwertanzeige).}$$

Hat man denselben Strom nach einer viel genaueren Methode mit $v_c = 6{,}42 \, \mu A$ *gemessen (konventionell richtiger Wert), so ist der systematische Fehler des Mikroamperemeters:*

$$e_j = \bar{v}_i - v_c = (6{,}34 - 6{,}42) \, \mu A = -0{,}08 \, \mu A.$$

9.5.2 Fehlergrenzen für systematische Fehler – Erreurs maximales tolérées de justesse – Maximum permissible bias errors – Errores de exactitud máximos admisibles

Durch die Vorschriften festgelegte Grenzwerte des systematischen Fehlers (nach plus und minus).

Bemerkung:

Das Gerät wird als „richtig“ bezeichnet (innerhalb der Fehlergrenze), wenn die zulässigen Grenzen des systematischen Fehlers nicht überschritten werden.

9.5.3 Korrektion (Berichtigung) – Correction de justesse – Bias correction – Corrección de exactitud

Für eine Maßverkörperung: Wert $\bar{v}_c - v_n$, den man dem Nennwert v_n der Maßverkörperung algebraisch hinzufügen muß, um ihn mit dem konventionell richtigen Wert v_c dieses Maßes in Übereinstimmung zu bringen.

Für ein anzeigendes Meßgerät: Wert $v_c - \bar{v}_i$, den man dem Mittelwert $\bar{v}_i$ der Anzeigen eines Meßgeräts algebraisch hinzufügen muß (unter der Voraussetzung, diese ohne Ablesefehler erhalten zu haben), um ihn mit dem konventionell richtigen Wert v_c der gemessenen Größe in Übereinstimmung zu bringen.

Bemerkung:

Die Korrektion eines Meßgeräts ist gleich dem Wert des systematischen Fehlers mit umgekehrtem Vorzeichen.

Beispiel:

Im Beispiel von 9.5.1 ist die Korrektion + 0,08 μA.

9.5.4 Korrektionsfaktor (Berichtigungsfaktor) – Facteur de correction de justesse – Bias correction factor – Factor de corrección de exactitud

Faktor, mit dem man die Anzeige eines Meßgeräts multiplizieren muß, um den systematischen Fehler zu korrigieren.

Bemerkung:

Im allgemeinen hat der Korrektionsfaktor längs des Meßbereichs einen veränderlichen Wert. Jedoch kann er in bestimmten Fällen auch konstant sein, z. B. wenn die Korrektion durch eine Dichteänderung der Flüssigkeit eines Flüssigkeitsmanometers bedingt ist, oder wenn bei Zählern die Belastung konstant oder nur wenig veränderlich ist.

Beispiel:

Wenn die Anzeige eines Elektrizitätszählers, der bei konstanter oder nur wenig veränderlicher Last betrieben wird, 52,3 kWh *beträgt, und wenn der Korrektionsfaktor* 1,01 *ist, so ist der konventionell richtige Wert der gelieferten Energie* 52,3 · 1,01 = 52,8 kWh.

9.6 Präzision eines Meßgeräts – Fidélité d'un instrument de mesurage – Repeatability of a measuring instrument – Fidelidad de un instrumento de medición

Eine die Eignung eines Meßgeräts kennzeichnende Eigenschaft für einen gleichen Wert der zu messenden Größe übereinstimmende Meßwerte auszugeben, wobei die verschiedenen systematischen Fehler außer Betracht bleiben.

Die hier definierte Eigenschaft eines Meßgerätes wird in Normen und in der Eichordnung recht unterschiedlich benannt. DIN 1319 Teil 3 nennt diese Eigenschaft Präzision, die in Form der Wiederholstandardabweichung oder der Vergleichsstandardabweichung quantitativ angegeben werden kann.

DIN 8120 Teil 3 Begriffe im Waagenbau, spricht von der Veränderlichkeit während die Eichordnung Anlage 9, Nichtselbsttätige Waagen, die gleiche Eigenschaft mit Unveränderlichkeit beschreibt.

In einem erweiterten Zusammenhang nennt DIN 58 936 Teil 1, Qualitätssicherung in der Laboratoriumsmedizin, die Präzision als das Maß für die Wiederholbarkeit.

Der Ausdruck „Unveränderlichkeit" sollte vermieden werden, da ja eine Veränderung der „Unveränderlichkeit" beobachtet wird.

Bemerkung:

Die Präzision eines Meßgeräts kennzeichnet nach dieser Definition seine Eigenschaft, Anzeigen zu liefern, die nicht von Zufallsfehlern beeinträchtigt sind.

9.6.1 Streuung der Anzeigen – Dispersion des indications – Dispersion of indications (scatter) – Dispersión de indicaciones

Die an einem Meßgerät zu beobachtende Erscheinung, daß bei einer Reihe von Messungen desselben Wertes der Meßgröße unterschiedliche Meßwerte angezeigt werden.

Bemerkungen:

1. *Die „Streuung der Anzeigen" kann quantitativ durch die Standardabweichung (8.2.4) oder durch die Spannweite (Variationsbreite) der Anzeigen ausgedrückt werden.*
2. *Auf diesen Ausdruck bezieht sich auch die Bemerkung 3 zum Begriff 8.2.4.*

3. Es ist erforderlich, die Bedingungen anzugeben, unter denen die Meßreihe ausgeführt wird, insbesondere ob diese Messungen unmittelbar aufeinander folgen, ob zwischen ihnen jeweils ein bestimmter zeitlicher Abstand liegt, ob sie vom selben Beobachter oder von verschiedenen Beobachtern ausgeführt werden usw. ...

9.6.2 Spannweite (Variationsbreite) der Anzeigen – Étendue de dispersion des indications – Range of the dispersion (spread) of indications – Alcance de dispersión de las indicaciones

Das durch die Differenz zwischen der größten Anzeige $v_{i\,max}$ und der kleinsten Anzeige $v_{i\,min}$ einer Meßreihe ausgedrückte Maß der Streuung der Anzeigen für den gleichen Wert der Meßgröße

$$W = v_{i\,max} - v_{i\,min}.$$

9.6.3 Fehler unter Wiederholbedingungen – Erreur de fidélité – Repeatability Error – Error de fidelidad

Eine der Größen zur Kennzeichnung der Streuung der Anzeigen eines Meßgeräts: mittlerer quadratischer Fehler, mittlerer Fehler, usw. ...

Man nimmt häufig die Standardabweichung (8.2.4), die dann als Fehler unter Wiederholbedingungen für eine Reihe aufeinanderfolgender Messungen, erhalten unter den für die Anwendung des Geräts festgelegten Bedingungen, bezeichnet wird.

Beispiel:

Im Beispiel zu 9.5.1 sind die Unterschiede zwischen den erhaltenen Ergebnissen v_i und ihrem Mittelwert $\bar{v}_i$:

– 0,07; + 0,04; + 0,28; – 0,16; – 0,03; + 0,09; + 0,02; – 0,034; + 0,01; + 0,16 μA,

der Fehler unter Wiederholbedingungen ist dann

$$s = \sqrt{\frac{0{,}07^2 + 0{,}04^2 + \ldots + 0{,}16^2}{10 - 1}}\ \mu A = 0{,}17\ \mu A.$$

9.6.4 Fehlergrenzen unter Wiederholbedingungen – Erreurs limites de fidélité – Limits of repeatability Error – Errores límites de fidelidad

Grenzen für die Streuung einer Einzelmessung (8.1.8.1) eines gegebenen Wertes einer zu messenden Größe, ausgeführt unter den für das Meßgerät festgelegten Anwendungsbedingungen ohne Berücksichtigung der systematischen Fehler.

Bemerkungen:

1. Man errechnet im allgemeinen die Grenzen als das Produkt der Standardabweichung der Anzeige mit einer Zahl t (ganze Zahl oder Bruch), man hat also $e_1 = + ts$ und $e_2 =$

– ts, wobei s gemäß 8.1.7.1 berechnet wird und die Zahl t in Abhängigkeit von der Wahrscheinlichkeit P so bestimmt ist, daß die Werte e_1 und e_2 nicht überschritten werden.

Im Falle der Normalverteilung der Fehler und für eine ausreichend große Anzahl von Messungen setzt man allgemein $t = 3$ ein, was der Wahrscheinlichkeit $P = 99{,}73\,\%$ entspricht, die Grenzen $e_1 = 3\,s$ und $e_2 = -3\,s$ nicht zu überschreiten. Für $P = 95\,\%$ hat man $t = 1{,}96$ und für $P = 99\,\%$ gilt $t = 2{,}58$ ...

Im Beispiel von Punkt 9.6.3 sind die Grenzen, die mit einer Wahrscheinlichkeit von 99,73 % nicht überschritten werden:

$e_1 = -0{,}17 \cdot 3\,\mu A = -0{,}51\,\mu A$ *und*

$e_2 = 0{,}17 \cdot 3\,\mu A = +0{,}51\,\mu A$.

2. *Für die Erfordernisse des gesetzlichen Meßwesens definiert man die Fehlergrenzen unter Wiederholungsbedingungen für ein Meßgerät und für einen gegebenen Wert einer zu messenden Größe als Differenzen zwischen dem größten Wert der Anzeigen $v_{i\,max}$ bzw. dem kleinsten Wert $v_{i\,min}$, die vom Meßgerät ausgegeben werden können und dem Mittelwert $\bar{v}_i$, wobei die systematischen Fehler außer Betracht bleiben.*

   Der Streubereich ist in diesem Fall gleich $v_{i\,max} - v_{i\,min}$.

   Zur Vereinfachung der Rechnungen nimmt man im allgemeinen $\bar{v}_i = 1/2\,(v_{i\,max} + v_{i\,min})$ und setzt die Fehlergrenzen unter Wiederholbedingungen gleich $\pm\,1/2\,(v_{i\,max} - v_{i\,min})$.

Hier gilt die entsprechende Bemerkung im Vorwort.

9.6.5 Zulässige Fehlergrenzen unter Wiederholbedingungen – Erreurs maximales tolérées de fidélité – Maximum permissible repeatability errors – Errores máximos permisibles de fidelidad

Durch Vorschriften zugelassene Größtwerte dieses Fehlers (nach plus und nach minus).

9.7 Umkehrbarkeit des Meßgangs (der Belastungsrichtung) – Réversibilité d'un instrument de mesurage – Freedom from hysteresis of a measuring instrument – Reversibilidad de un instrumento (ausencia de histeresis)

Die das Vermögen eines Meßgeräts kennzeichnende Eigenschaft, jedesmal dieselbe Anzeige zu liefern, wenn man sich demselben Wert der zu messenden Größe wechselweise von kleineren oder von größeren Werten her nähert.

9.7.1 Umkehrspanne – Erreur de réversibilité – Hysteresis error (range of inversion) – Error de reversibilidad (de histeresis)

Die sich ergebende Differenz der Anzeigen eines Meßgeräts, wenn man denselben Wert der Meßgröße einmal bei ansteigenden und dann bei abfallenden Werten mißt.

Wenn die Umkehrspanne vom Meßwert abhängt, muß man sie zwischen dem kleinsten und größten Meßwert bestimmen. Ursachen für die Umkehrspanne sind z. B. Reibung, toter Gang, elastische Nachwirkungen, Remanenz.

Bemerkung:

In gewissen Fällen bestimmt man die Umkehrspanne auch durch die Differenz der Werte der Meßgröße, die sich für die gleiche Anzeige bei ansteigendem und abfallendem Meßgang ergibt.

9.7.2 Höchstwert der Umkehrspanne – Erreur limite de réversibilité – Limits of hysteresis error – Error límite de reversibilidad (histeresis)

Die größte Differenz zwischen den Anzeigen eines Meßgeräts, die in einer Reihe von Messungen auftreten kann, wenn man denselben Wert der Meßgröße einmal bei ansteigenden und dann bei abfallenden Werten mißt.

9.7.3 Zulässige Umkehrspanne – Erreur maximale tolérée de réversibilité – Maximum permissible hysteresis error – Error de reversibilidad (histeresis) máximo permisible

Durch Vorschriften zugelassener Höchstwert der Umkehrspanne.

Bemerkung:

Die Anzeige eines Meßgeräts wird „hysteresefrei" genannt (innerhalb der erlaubten Grenzen), wenn die zulässige Umkehrspanne nicht überschritten wird.

9.8 Beweglichkeit eines Meßgeräts – Mobilité d'un instrument de mesurage – Discrimination of a measuring instrument – Movilidad de un instrumento de medición

Die das Vermögen kennzeichnende Eigenschaft eines Meßgeräts, auf kleine Änderungen der gemessenen Größe zu reagieren.

9.8.1 Beweglichkeitsfehler – Erreur de mobilité – Discrimination error – Error de movilidad

Änderung der gemessenen Größe, die noch keine (von einem normalen Ableser unter den festgelegten Anwendungsbedingungen) feststellbare Änderung der Anzeige bewirkt.

Beispiel:

Der Beweglichkeitsfehler beträgt 50 mg, *wenn der Zeiger einer Waage nicht ausschlägt, nachdem man eine Masse von* 50 mg *vorsichtig auf die Gewichtsschale gelegt hat.*

9.8.2 Beweglichkeitsfehlergrenze – Erreur limite de mobilité -- Limit of discrimination error – Error límite de movilidad

Der größtmögliche Beweglichkeitsfehler innerhalb festgesetzter Meßbedingungen.

9.8.3 Ansprechschwelle, Anlaufwert, Ansprechwert – Seuil de mobilité – Discrimination threshold – Umbral de movilidad

Die kleinste Änderung der gemessenen Größe, die (von einem normalen Ableser unter den festgelegten Anwendungsbedingungen) eine wahrnehmbare Änderung der Anzeige des Meßgeräts bewirkt.

Beispiel:

Wenn eine Last von 80 mg *bei einer Waage noch keinen Zeigerausschlag bewirkt, man jedoch feststellt, daß bei einer Belastung von* 90 mg *ein Ausschlag erfolgt, so ist die Ansprechschwelle* 90 mg.

9.8.4 Anlaufwert eines Zählers – Seuil de démarrage d'un compteur – Passivity of a meter – Umbral de arranque de un medidor

Die kleinste Belastung, die die Anzeigeeinrichtung eines Zählers erstmals eindeutig in Bewegung setzt.

Bemerkung:

Der Anlaufwert ist eine der Ansprechschwelle entsprechende Eigenschaft; sie bezieht sich jedoch auf die Belastung des Zählers und nicht auf die gemessene Größe.

9.8.5 Zulässiger Anlaufwert – Seuil toléré de mobilité – Permissible discrimination threshold – Umbral permisible de movilidad

Durch Vorschriften zugelassener Höchstwert des Anlaufwertes für eine Meßgeräteart.

9.9 Einstellzeit eines Meßgeräts – Temps de réponse d'un instrument de mesurage – Response time of a measuring instrument – Tiempo de respuesta de un instrumento de medición

Die nach einer sprunghaften Änderung der zu messenden Größe verfließende Zeit, nach der die Anzeige des Meßgeräts nur noch um einen vorgegebenen Wert von dem sich endgültig einstellenden Meßwert abweicht.

Die Einstellzeit charakterisiert grob das Übungsverhalten eines Meßgeräts. Gebräuchlich sind die 9/10-Zeit, die Halbwertzeit und (bei exponentiellem Verlauf der Übergangsfunktion) die 63,2-%-Zeit.

Bemerkungen:

Um die Einstellzeit zu bestimmen, muß man für jede Geräteart festlegen:

a) den Anfangswert, von dem aus die Änderung der gemessenen Größe ausgehen soll,
b) den Wert dieser Änderung,
c) die Differenz zwischen der endgültigen Anzeige und der Anzeige am Ende des als Einstellzeit angenommenen Zeitabschnittes.

9.10 Genauigkeit eines Meßgeräts – Précision d'un instrument de mesurage – Accuracy of a measuring instrument – Precisión de un instrumento de medición

Eine die Fähigkeit eines Meßgeräts kennzeichnende Eigenschaft, Meßwerte zu liefern, die dem richtigen Wert der gemessenen Größe nahe sind.

Bemerkung:

Die Genauigkeit charakterisiert das Gerät ganz allgemein im Hinblick auf die Meßfehler. Die Genauigkeit ist um so größer, je näher die Meßwerte am richtigen Wert liegen.

9.10.1 Gesamtfehler eines Meßgeräts – Erreur de précision – Inaccuracy (of a measuring instrument) – Error de precisión

Gesamtheit aller Fehler eines Meßgeräts bei festgelegten Anwendungsbedingungen unter Einschluß des systematischen Fehlers und der Unsicherheit der Anzeige.

Bemerkung:

Der Gesamtfehler ist die Differenz zwischen dem Nennwert einer Maßverkörperung oder der Anzeige eines Meßgeräts und dem konventionell richtigen Wert der gemessenen Größe.

9.10.2 Gesamtfehlergrenzen – Erreurs limites de précision – Limits of inaccuracy – Errores límites de precisión

Die Gesamtfehlergrenzen sind gegeben durch 2 Werte, die man erhält

1. indem man zum systematischen Fehler den Betrag der Fehlergrenzen unter Wiederholbedingungen addiert und
2. indem man vom systematischen Fehler den Betrag der Fehlergrenzen unter Wiederholbedingungen abzieht.

Beispiel:

Im Beispiel zu den Punkten 9.5.1 und 9.6.4 sind die Gesamtfehlergrenzen, die mit einer Wahrscheinlichkeit von 99,73 % nicht überschritten werden, gleich (– 0,08 ± 0,51) μA, *somit also* – 0,59 μA und + 0,43 μA.

Bemerkung:

Für die Erfordernisse des gesetzlichen Meßwesens definiert man die Gesamtfehlergrenzen eines Meßgeräts für einen gegebenen Wert der zu messenden Größe als algebraische Differenz zwischen dem größten Wert $v_{i\,max}$ *bzw. dem kleinsten Wert* $v_{i\,min}$ *der vom Gerät unter den üblichen Anwendungsbedingungen unter Einschluß aller Fehler ausgegebenen Anzeigen und dem konventionell richtigen Wert* v_c *der gemessenen Größe.*
Diese Grenzwerte werden praktisch so bestimmt, wie es in 9.6.4 angegeben wurde.

9.10.3 Zulässige Gesamtfehlergrenzen – Erreurs maximales tolérées de précision – Maximum permissible inaccuracy – Errores de prescisión máximos permisibles

Durch Vorschriften zugelassene Höchstwerte des Gesamtfehlers (nach plus und minus).

Bemerkungen:

1. *Ein Gerät wird richtig genannt (innerhalb erlaubter Grenzen), wenn die zulässigen Gesamtfehlergrenzen nicht überschritten werden.*
2. *Der Ausdruck „Fehlergrenze" ohne nähere Definition bezeichnet die zulässige Gesamtfehlergrenze.*

9.10.4 Genauigkeitsklasse – Classe de précision – Accuracy class – Clase de precisión

Charakteristische Kennzeichnung für alle den gleichen Genauigkeitsanforderungen gehorchenden Meßgeräte.

Bemerkung:

Meistens gibt die Genauigkeitsklasse die Gesamtfehlergrenze an, die in Prozenten des Skalenendwertes des Geräts ausgedrückt wird (der Ausdruck „Amperemeter der Klasse 0,2*" besagt z. B., daß der Gesamtfehler dieses Geräts* 0,2 % *seines Skalenendwertes nicht überschreiten wird) oder sie stellt einfach eine Ordnungszahl dar, die keine direkte Angabe über die Genauigkeit macht (z. B. Endmaß des Genauigkeitsgrad 0).*
Der Ausdruck „Genauigkeitsklasse" wird häufig fortgelassen und man sagt einfach: Amperemeter, Klasse 0,2.

9.11 Meßbeständigkeit eines Meßgeräts – Constance d'un instrument de mesurage – Constancy (stability) of a measuring instrument – Estabilidad de un instrumento de medición

Eigenschaft, die die Fähigkeit eines Meßgeräts bezeichnet, in Abhängigkeit von der Zeit, seine meßtechnischen Eigenschaften unveränderlich zu bewahren.

9.11.1 Drift eines Meßgerätes – Dérive d'un instrument de mesurage – Measuring instrument drift – Deriva de un instrumento de medición

Änderungen der meßtechnischen Eigenschaften eines Meßgerätes unter normalen Verwendungsbedingungen während eines genügend langen Zeitintervalls.

9.12 Auslenkung – Déviation – Deflection – Deflexión

Auslenkung des beweglichen Teils eines Meßgerätes in bezug auf eine vorgegebene Stellung.

Wenn keine Bezugsstellung angegeben ist, wird die Auslenkung auf die der Nullstellung entsprechende Stelle der Skale bezogen.

9.12.1 Momentanauslenkung – Déviation instantanée – Instantaneous deflection – Deflexión instantánea

Auslenkung des beweglichen Teils, die während eines unendlich kurzen Zeitintervalls innerhalb irgendeines ausgewählten Zeitabschnitts erscheint.

9.12.2 Endauslenkung – Déviation établie – Established deflecition – Deflexión establecida

Endgültige Auslenkung, die der Gleichgewichtslage für den Wert der zu messenden Größe entspricht.

9.12.3 Restauslenkung – Déviation résiduelle – Residual deflection – Deflexión residual

Rest der Auslenkung, die nach dem Verschwinden der Ursache für die ursprüngliche Auslenkung bleibt.

9.12.4 Ausschlag – Élongation – Elongation – Elongación

Maximalwert der Momentanauslenkung des beweglichen Teils in bezug auf die vorgegebene Bezugsstellung (s. Punkt 9.12).

9.12.5 Überschwingweite – Amplitude de déviation – Deflection amplitude – Amplitud de deflexión

Maximale Momentanauslenkung eines beweglichen Teils in bezug auf die Gleichgewichtslage für den Wert der zu messenden Größe.

Alphabetisches Stichwortverzeichnis

Liste alphabétique des termes

Alphabetical list of terms

Lista alfabética de terminos

Batch number: 10584556

Printed by Printforce, the Netherlands